「食」の図書館

トウモロコシの歴史

CORN: A GLOBAL HISTORY

MICHAEL OWEN JONES
マイケル・オーウェン・ジョーンズ【著】
元村まゆ【訳】

原書房

目次

［……］は翻訳者による注記である。

序章◉口当たりが良く健康に良い珍味

イギリスでコーン（corn）と言えば、イングランドでは小麦、スコットランドやアイルランドではオート麦のように、その地方の主要な穀物を指す。1492年にコロンブスが出会ったカリブ海のタイノ族は、マイース（mahiz）という名で呼んでいたが、これがスペイン語のメイズ（maize）、さらに英語のメイズ（maíz）に変化した。アメリカの入植者とイギリス人は、先住民が新世界で栽培していたこの作物をインディアンコーンと呼んだ。

独立前のアメリカとイギリスとの間で緊張が高まりつつあった1766年の1月2日、ベンジャミン・フランクリンはロンドンの新聞に公開の手紙を発表した。アメリカ人を攻撃するあるイギリス人に宛てたものだ。イギリス人の投稿は入植者への手厳しい皮肉に満ちたものであり、インディアンコーンを主体にした食生活では、「口当たりが良く」、たやすく「消化できる朝食」は望めない――だから入植者には茶やその他の輸入品の不買運動を続けるだけの不屈の精神などあるはずがない、と言い放っていた。フランクリンは「ホームスパン」という筆名でこう反論した。

どうか、ひとりのアメリカ人である私に、この件について何もご存じないと見受けられる紳士に対して、ひと言述べさせてください。トウモロコシは総じて、世界で最も口当たりが良く、健康に良い穀類のひとつなのです。ローストした緑の葉〔若い穂のこと〕など、筆舌に尽くしがたい珍味です。トウモロコシから作る食べものには、サンプ、ホミニー〔乾燥させたトウモロコシの穀粒《こくりゅう》を、石灰などを加えた水でゆでたもの〕、サコタッシュ、ノークホックなど、おいしいものがたくさんあります。また、ジョニーケーキあるいはホーケーキと呼ばれるトウモロコシパンは、その焼きたてのおいしさはヨークシャーマフィンを凌駕していると言えるでしょう[(1)]。

フランクリンが列挙しているのは、先住民の料理に由来する食べものだ。サンプ（samp）（アルゴンキン族はnasamp、ナラガンセット族はnasaumpと呼ぶ）とは、ひき割りトウモロコシで作るポリッジ（濃い粥）で、熱いまま、あるいは冷やして食べる。ノークホック（nokehock）またはノークチック（nokechick）とは、熱い灰の中に入れたトウモロコシを砕いて粗挽き粉にし、それを練った生地をゆでるか揚げるかしてからメープルシュガーかシロップで甘みをつけた食べものだ。サコタッシュ（succotash）（ナラガンセット族の言葉で「砕けた穀粒」の意）は、トウモロコシをシェ

入植者にトウモロコシを運ぶポカホンタス（1897年）

ルビーン［さやを外して種子だけを食用にする豆類の総称］と一緒に煮た料理である。こうしたシンプルな料理は、フランクリンの言葉を借りると、「口当たりが良く」「健康に良い」、もぎたての穂付きトウモロコシは「珍味」でさえある。

コロンブスがヒスパニオラ島に到着する数世紀前から、トウモロコシはすでに先住民の主食だった。先住民が寛大にも入植者にトウモロコシを分け与えなければ、１６０７年に建設されたジェームズタウンはイギリス初の恒久的植民地として生き残ることはできなかっただろう。入植地は、運よく入手できた先住民の蓄えが旱《かん》魃《ばつ》で激減すると、１６０９年から翌年にかけて入植者の80パーセントが命を落とすような過酷な地域だったのである。

メソアメリカで数千年の間栽培されてきたト

ネブラスカ州は「コーンハスカー・ステート」という称号を誇る。トウモロコシはウィスコンシン州、ワシントン州では州の穀物に指定されており、ミズーリ州は「世界のコーンパイプの中心地」と宣言している。

1979年に鋳造されたコロンビアの１ペソ硬貨。裏面には南米の数か国をスペイン支配から独立に導いたシモン・ボリバルの像がある。

ウモロコシは、小麦や米とともに三大穀物と呼ばれ、世界的にも主要な食品となった。現在は160ほどの国で栽培され、アメリカ合衆国は長きにわたり最大の生産国である。

南北アメリカ大陸の先住民は、神が人類にトウモロコシを授けた、あるいは神はトウモロコシから人間を創造したという創世神話を伝えている。アメリカ合衆国、中南米の国々、アフリカ、東ヨーロッパではトウモロコシを描いた切手が発行され、硬貨が鋳造されている。穀物をテーマにした年中行事や見本市も多い。イリノイ州フープストンエリア・ハイスクールのスポーツチームは「コーンジャーカー（トウモロコシを引き抜く者）」の名を持ち、ネブラスカ大学の23のスポーツチームは「コーンハスカーズ」（あるいは単に「ハスカーズ」）［husker は「脱穀機」の意］と呼ばれている。トウモロコシは人間が食する牛、豚、家禽《かきん》の飼料になる。世界各地で人間は穂軸《すいじく》［「ほじく」とも言う。日常会話ではよく「芯」と言う部分］付きのトウモロコシを食べ、ポリッジ（粥）を作り、トウモロコシ粉や粗挽き粉でパンを焼く。また、他の材料にトウモロコシを混ぜたものをゆでたり揚げたりして、セイボリー［塩味のクッキーなど甘くない軽食］や甘い料理を作る。トウモロコシは蒸溜あるいは醱酵を経て、ウイスキーやビールにもなる。

『「食」の図書館』シリーズのこの巻ではトウモロコシを取り上げ、7000年以上前の南北アメリカ大陸での起源や、コロンブスによる旧世界への伝播とヨーロッパ、アフリカ、アジア全域への普及の経緯について述べる。また、この穀類に関わる慣例や儀式、芸術など、社会的文化的営みにも注目する。トウモロコシをめぐる注目すべき論争も取り上げるが、本書ではこの穀物を称賛し、バラエティに富んだ料理とそのレシピを紹介したい。250年前のベンジャミン・フランクリンの言葉のように、それらは口当たりが良くて健康に良く、いくつかはまさに珍味なのだ。

第1章◉トウモロコシの起源

トウモロコシ（学名 *Zea mays*）は野生では生育せず、人間による栽培を必要とする。苞葉《ほうよう》が穂軸全体を覆い、穀粒が密集しているために、自力で地面に種を落とすことができないのだ。しかし、湿気から守られていれば、何世紀もそのまま生き延びることができる。数年前にアステカの遺跡で、満足げに1000年前のトウモロコシの穂を食べるロバが目撃されている。

トウモロコシがいつ、どこで、どのように誕生したかについては不確実な点が多い。何人かの専門家は、その起源を7000年あるいはもう少し前のメキシコ中部プエブラ州テワカンとしている。その後、南はペルー、北は現在のアメリカ合衆国南西部へ広まっていったと主張する者もいる。また、植物遺物の研究者は、パナマで発見されたトウモロコシの花粉や、ごく小さなシリカ体［植物に含まれる多量のケイ酸が細胞に集積したもので、種により特定の形と大きさを示す］などの植物石（ファトリス）を6900年前のもの、また、アマゾン川流域エクアドルで発見されたものを6000

セオドア・ド・ブライ『豆やトウモロコシの種をまくフロリダの先住民（ティムクワ族）』（1590年／銅版画）

年前のものと特定した。だとすれば、単一起源というよりは多元発生の可能性もあり、トウモロコシの栽培化には複数の中心地があったことがうかがえる。

起源の時期や地点についての謎はつきないが、最大の謎は、そもそもトウモロコシがいかにして誕生したかということだ。それに関しては、これまでに3つの仮説が提示されている。

●トウモロコシ誕生

ひとつ目の説は先住民の言い伝えの中にある。トウモロコシは神から人類への贈り物であり、人類はトウモロコシから作られたというものだ。グアテマラに住むマヤ人、キチェ族の「共同体の書」ポポル・ブフによると、神は最初、神殿を訪れ、供え物をし、創造主に祈ることができるように、歩き、話をし、働く人間を創造しようとしたが、３度失敗したという。１度目は労働するための手を持たない人間を創った。人間はただうなり、しゃべり、わめくだけだった。２度目は泥で人間を創ったが、形を保てず崩れてしまった。つぎに神は木から人間を創った。これは話すことも繁殖もできたが、祈りの中で神に呼びかけることを忘れた。最終的に神は、キツネ、コヨーテ、オウム、カラスが、黄色と白のトウモロコシが一面に生えている山を見つけたという知らせを受けた。創造神イシュムカネは、その山から採ってきたトウモロコシの穀粒を挽き臼で細かく挽き、手を洗う水を混ぜた。このトウモロコシ粉の生地が、人類と人類の食物を創造する材料となった。

マヤ文明、そしてのちにはアステカ文明にとって、植えつけ、育て、収穫し、ふたたび植えつけるというトウモロコシのサイクルは、生まれ、死に、再生するという人生のサイクルを表すものだった。何百というマヤの神の中で最も重要とされるのは、主食となる植物を人格化したトウモロコシの神だった。それは若くハンサムな男性として描かれ、トウモロコシの穂を模した長い顔をしているか、長い頭飾りを付けている。髪はトウモロコシの絹糸《けんし》（ひげ）のようだ。

マヤ社会のエリート階級は、自身をトウモロコシ神の生まれ変わりに見立てた。母親は赤ん坊の頭に板を何枚かくくりつけ、先が細いトウモロコシの穂の形になるようした。支配階級の男性や貴婦人は、髪を光沢のあるトウモロコシの絹糸のように結い上げ、宝石で身を飾り、緑色のケツァールの羽のついた頭飾りをつけた。

紀元１４００年頃に生まれたとされるアステカ神話のトウモロコシの３女神は、人生のサイク

エツァルクァリストリ（Etzalcualiztli）（トウモロコシと豆の食事）、アステカ暦のひとつトバル暦の６番目の月（1585年）。トバル暦は16世紀のメキシコ人のイエズス会修道士ファン・デ・トバルにちなんで名づけられた。この月の守護神は雨の神トラロックで、その象徴である水がめ、緑色の目と口縁、トウモロコシの茎が描かれている。

ルを具現化している。「トウモロコシのやわらかい穂の女神」シロネンは、現在のメキシコではスペイン語でエローテと呼ばれるが、夏の若いトウモロコシを象徴している。シンテオトルは夏の盛りの成熟した穂の女神だ。チコメコアトールは軸付きの乾燥した実を表している。

種まきの儀式では、母なる大地に感謝して舞踊が捧げられた。8月になると、平民は8日間タマリ［トウモロコシの粉で作った生地でひき肉を包んで蒸した料理］をたっぷり与えられ、ハチミツで甘みをつけた、薄い粥ほどの濃度の飲みものチエンピノリを飲んだ。夜になると広場では踊り子たちが、太鼓の鼓動とほら貝の音に合わせて踊りながら練り歩いた。赤い服を着てシロネンに扮した娘は、トウモロコシの穂が2本付いた紙の頭飾りをかぶり、髪をトウモロコシの絹糸のように肩にたらしている。祭の最後の夜、この若い娘は、食べものを与えてくれた女神に感謝を捧げるためにいけにえにされる。娘は斬首され、その血が神の彫像に注がれた。体は皮をはがれ、祭司がその皮を身につけた。

20世紀になると、トウモロコシの起源に関する2番目の仮説が出現した。1930年代後半、トウモロコシは「テオシンテ」の直系の子孫であるとジョージ・ビードルが主張し、これは現在でも最も有力な説とされている。テオシンテはメキシコやグアテマラに自生するひょろっとした草のような植物で、細い穂に、石のようにかたい種皮《しゅひ》で覆われた穀粒が数個だけついている。一方トウモロコシは数百の穀粒が整然と並び、穂軸はがっしりしていて、穀粒はかたい種皮に覆われておらず、このふたつの植物は著しく異なっている。

シロネンの頭、アステカ（メキシコ）の若いトウモロコシの女神。メキシコ、テノチティトラン。15世紀。

チコメコアトル、アステカのトウモロコシの女神。

植物学者ポール・C・マンゲルスドルフが提唱したもうひとつの学説は、トウモロコシは大昔の誰かが、トリプサクムと呼ばれる野生の草と、現在は絶滅した野生のトウモロコシを組み合わせてつくり出したというものだ。1990年代後半には生物学者メアリー・W・ユーバンクが、稀少なトウモロコシの親戚を従兄弟に当たる草と交配させて生まれたものだという異論を発表した。ユーバンクは研究室では交配種をつくり出せたが、この組み合わせは「ノーマル」ではないと認め、ふたつの植物の交配は偶然に起こったものだと結論した。

少数ではあるが、トウモロコシ誕生に関する3番目の仮説、すなわち地球外からの介入説をとる研究者も存在する。エーリッヒ・フォン・ダニケンは、1968年出版の著書『未来の記憶――超自然への挑戦』［松谷健二訳／早川書房／1969年］で、エジプトのピラミッド、ストーンヘンジ、イースター島のモアイ像のような多くの大昔の構造物や人工遺物は、造られた当時にあったと思われる技術的知識より高い知識が存在していたことの証明であり、それゆえに宇宙からの訪問者、または彼らから技術を学んだ人類が造ったのではないかという推論を展開した。

古代の絵画には、宇宙飛行士、宇宙船、地球外生物らしきものが描かれているものがある。おそらくフォン・ダニケンの著書やそれに基づいた1970年のドキュメンタリー映画『宇宙人は地球にいた *Chariots of the God*』に影響を受けたと思われるが、トウモロコシのような穀物や野菜は、宇宙からの贈り物ではないかと指摘する人もいる。

●ライムが4つのDを防いだ

さらに謎は残る。先住民の日々の食事に、トウモロコシは大きな割合を占めていたので、トウモロコシを「われわれの血」「われわれの母」「われわれの命」「われわれを養うもの」と呼んだとしても不思議ではない。だが、過去200年にわたりおもにトウモロコシで命をつないできたヨーロッパ、アフリカ、アメリカ南部の貧しい人々の間ではペラグラが蔓延《まんえん》してきたというのに、なぜ南北アメリカ大陸の先住民たちはこの病気にかからずにすんだのか？

ペラグラはゼイン皮膚症（zeism――トウモロコシの学名 *Zea mays* に由来する）、あるいは――他の作物が育つ前にトウモロコシへの依存がピークに達することから――「春の病（spring-time disease）」とも呼ばれる。食事にビタミンB_3（ナイアシン）が不足するために起こる栄養不良で、症状は4つのDで表される。すなわち、皮膚炎（dermatitis）、下痢（diarrhoea）、認知能力低下（dementia）、そして多くの場合死（death）にいたる。

1735年にスペイン人の宮廷医師ガスパー・カザルが、初めてこの疾患について説明している。患者の手の甲と足の上部表面に赤い光沢のある発疹が出るため、彼はこの病気を「バラの病（mal de la rosa）」と呼んだ。1771年にはイタリア人医師フランセスコ・フラポリが、この病気を「荒れた肌」を意味する「ペラグラ」と名づけた。この病気は、フランス南東部では少なくとも1818年までに、ルーマニアでは1812年またはそれ以前に、オーストリアでは1887年またはそれ以前に、ハンガリーでは1888年までに、エジプトとロシアでは1890年代初めまでに蔓延していた。アメリカ合衆国では1902年に最初の報告がされており、300万人がこの病気にかかった。そして、小麦粉や穀類の栄養価が高まり、食生活に乳製品、肉類、豆類をはじめとする植物性タンパク源が加わるまでのその後の40年間に、死者は10万人に達している。

先住民の人々はトウモロコシの穀粒を、砕いた木灰《きばい》、石灰《せっかい》または貝殻を溶いた水に浸してやわらかくし、種皮をほぐして洗い流した。このアルカリ水による処理法はニシュタマリゼーションと呼ばれ、それによって結合性ナイアシンが消化吸収されやすくなる（今日食料品店に並ぶコーン・トルティーヤのパッケージにある成分リストを見ると、少量の石灰が含まれている）。また、トウモロコシと一緒に豆類を食べると、豆類に含まれるアミノ酸によってタンパク質の豊富なバランスのとれた食事になる。

●三姉妹と魔法の円

コロンブス以前のメソアメリカの料理は、ミルパと呼ばれる農法――トウモロコシ、豆、カボチャの混植――あってのものだった。先住民のいくつかの集団はこの組み合わせを三姉妹《スリーシスターズ》と呼び、トウガラシをはじめ他の栽培品種も同じ小さな畑に植えていた。トウモロコシの茎は豆類を支える支柱の役目を果たし、大きなカボチャの葉は根系《こんけい》を日光から遮って湿度を保ち、土地の浸食を防ぐと同時に雑草の生育を抑制した。そしてトウガラシや香草は昆虫や動物の侵入を阻む役割を担う。

しかしながら、ニシュタマリゼーションを含むこれらの農業技術は、トウモロコシが世界各地に伝播する際に、ともに広まったわけではない。そのため、日々の食事をおもにトウモロコシに依存していた貧しい人々は、栄養不良に苦しむことになった。

沿岸部のいくつかの先住民は、トウモロコシなどの種をまく盛り土の中に魚の死骸を入れた。魚は良い肥料になるからだが、腐った魚をねらってやってくるオオカミを防ぐために、見張りを置かねばならなくなった。アメリカ東海岸の先住民は、畑に見張り台として足場を造り、植えたばかりの穀物を狙うカラスやカケスなどの野鳥を追い払った。アメリカ人の詩人ヘンリー・ワーズワース・ロングフェローの『ハイアワサの歌』(1855年)という詩にはこの見張り台が取り上げられている。

思慮ぶかいハイアワサは
ミネハハにこう言った
その妻、『笑う水』に
「今夜、畑を浄めるのだ
まじないの輪を畑のまわりに画き
畑を災厄から守るのだ

(中略)

『笑う水』は寝床から起きて
着ているものをみんな脱ぎ
暗闇につつまれて守られて
恥じらわず恐れず
足取り確かに畑をまわり
聖なる魔法の輪を画いた
畑のまわりに足跡で。(1)
[『ハイアワサの歌』/三宅一郎訳/作品社]

先住民の間には、月夜にマントを背中にひきずった裸の女性が現れ、ネキリムシから畑の作物を守ってくれるという信仰があるという。ロングフェローの詩に出てくるミネハハの魔法の輪は、蛾の幼虫やうろつきまわるカラスだけでなく、イナゴ、胴枯れ病、ウドン粉病からも守ってくれたようだ。

害虫、旱魃《かんばつ》、さらには収穫時の多雨を免れたトウモロコシは、穂軸が付いた生の状態で食されることもあったが、通常はゆでたり焼いたりした。豆とともに煮て、スコタッシュと呼ばれるシチューにすることもあった。灰を加えてアルカリ性にした水でゆでると、トウモロコシの穀粒を覆う種皮がほぐれ、実が膨張してやわらかくなる。

セオドア・ド・ブライ『鍋で料理〔おそらくサコタッシュ〕を作る』(1591年/銅版画)

今日のアルゼンチンでは、このホミニーを薄いシチューに入れる。エクアドルでは白色のトウモロコシをゆでて皮を取り、カルド・デ・パタス(牛の足の骨でとったスープにユッカまたはキャッサバ、タマネギ、ハーブを入れた料理)などのスープに使ったり、オルナード(ローストポーク)、フリッターダ(豚肉を香辛料を入れた湯でゆでてから油で揚げる)などの料理にホミニーを添えたりする。南アメリカ全域では、ゆでた穀物は一般に「モテ(mote)」と呼ばれている。メキシコでは、ポソレと呼ばれるホミニースープに入れる。

トウモロコシの大部分は挽き臼で挽いて粗挽き粉にしたり、細かい粉にしたりした。挽き臼を使って粉を挽くのには一日の大半を要する。女性たちは加水したトウモロコシの生地を手のひらで軽く叩いて、ごく薄いトルティーヤを作り、野菜を載せた。タマリという料理は、豆、チリソース、

トウモロコシのクリスマスツリー。メキシコ、プエルト・バジャルタ。2015年。

ハーブ、ときには肉を混ぜた具を生地で包み、その小さなかたまりをトウモロコシの苞葉《ほうよう》でくるんでしばり、蒸したものだ。ホピ族の女性は、若いトウモロコシを挽いて細かい粉にしたものに、ジュニパー（ヒノキ科の常緑樹）の灰を入れた水を加え、カボチャの種からとった油を引いた調理用の石にその生地を塗りつけて火のそばに置いて熱する。生地が半透明になったら、ゆるく巻いてから平らにする。新婚カップルは結婚式の朝にこの「ピキ」を食べるという伝統がある。

また、先住民ははるか昔から、トウモロコシからグルーエル（薄い粥）や飲みものを作ってきた。そのひとつがアステカ語族のナワトル語からスペイン語に翻訳されてアトーレ（atole）と呼ばれるようになった熱い飲みものだ。マサ（アルカリ処理したトウモロコシを乾燥させて粉にしたもの）から作られ、タマリとともに供されることが多い。旅に出るときには乾燥させたトウモロコシを挽いて粉にしたものを袋に詰めて携帯し、一日の終わりに水を加えて食事を作った。手のひらの上で粉と水を混ぜるか、あるいは粉のまま口に入れて唾液と混ぜた。

トウモロコシに関する、これらの謎以外の疑問もあとで取り上げるが、次章ではトウモロコシの適応能力、繁殖能力、多用途性について詳細に検証する。1ブッシェル（35リットル／25・4キロ）の皮つきのトウモロコシから32ポンド（14・5キロ）のコーンスターチ、33ポンド（15キロ）の甘味料、半ガロン（1・9リットル）のエタノール燃料が取れる。また、8ブッシェルのトウモロコシがあれば、人間ひとりが1年間生きていけるという。

第2章 ◉ トウモロコシの利用法

カンザス州入植者ユージン・ウェアは1867年に、「私はニューヨーク州オスウィーゴで、7月4日の独立記念日の祝典に参加した」と書いている。

コーンブレッド、ポーン［卵形に焼いたトウモロコシパン］、ジョニーケーキ［パンケーキ状に焼いたトウモロコシパン］があった。ドジャー［焼くか揚げるかした楕円形のトウモロコシパン］、フラップジャック［パンケーキ］、マッシュ・アンド・ミルク［マッシュはコーンミールを湯で煮たもの］、フライドマッシュ、マッシュ・アンド・モラスィズ［糖蜜］、それにトウモロコシとパイ皮の間に糖蜜を少量たらしたコーンパイもあった。(1)

ウェアの手紙からもわかるように、トウモロコシは穀物または野菜としてさまざまな料理に使われ、その用途の広さは驚くべきものだ。トウモロコシの工業製品も同様である。本章ではこのテーマの他にも、トウモロコシの主要な種類、食用にするトウモロコシの下準備の方法、そしてトウモロコシの繁殖についても検討していく。

◉生態学と繁殖

アメリカでは世界のトウモロコシの5分の2が栽培され、2014年には142億ブッシェル(3・6億トン)が生産された。中西部のコーンベルトにある13州ではアメリカの作物の80パーセント以上が栽培され、中でもアイオワ州が1位を占める。世界中で生産されるトウモロコシのおよそ5分の1は人間が食するが、3分の2は人間が食べる動物の飼料になり、10分の1は食用・非食用を含め工業製品にまわされる。

トウモロコシはきわめて広範に生育する植物であり、海抜ゼロから海抜1万2000フィート(3360メートル)まで栽培可能だ。ロシアやカナダの北緯50度付近から、南アフリカの南緯50度付近まで栽培されている。年間降雨量250ミリ以下でも、あるいは反対に10000ミリ以上の地域でも生育するが、最大の収穫高が得られるのは生育期に760ミリ以上の降雨がある地域だ。生育および成熟の期間は3か月から13か月におよぶ。トウモロコシが伸びる音が聞こえるという人がいるが、聞くところによると、トウモロコシは一晩で11センチも伸びることがあるそうだ。

この９メートル45センチのトウモロコシは、アイオワ州ワシントンのドン・レダ氏が栽培したもの。レダ氏は農産物の品評会で最も背の高いトウモロコシ、最も重い実をつけた大きなトウモロコシの穂のコンテストでしばしば優勝している。

トウモロコシの穂

トウモロコシの高さは、60センチから6メートルまでさまざまだ。ギネスブックによると、最も背の高いスイートコーンは、ニューヨーク州アルガニーのジェイソン・カール氏が育てた、10メートル70センチのものだ（2011年12月22日測定）。穂は親指サイズから長さ60センチのものまである。1本の茎についた穂の最多記録は16本で、2009年アイオワ州スウェズバーグのテイラー・クレイグ氏が栽培した。トウモロコシを焼いたり食べたりする前に穂をよく見ると、アメリカのスーパーマーケットで売られている典型的なスイートコーンでは、穀粒が1列におよそ40粒ずつ、16～18列並んでいるのがわかるだろう。つまり、1本の穂に600粒以上の種子がついていることになり、種子が最も多い植物であると言ってよい。

穀粒は種皮（何色かある）と、養分の貯蔵器官である白か黄色の胚乳《はいにゅう》、それに胚《はい》から成る。胚には脂質、ミネラル、ほとんどのビタミンが蓄えられている。スイートコーンは——ときにはフィールドコーンも——軸付きのまま、あるいはホミニー、サコタッシュ、スープ、シチューなどにして、一種の「野菜」として食べることが多い。他の品種は本来の穀物として利用し、挽いた粉を食用にする。

植物は生殖活動を行なうが、もちろんトウモロコシも例外ではない。トウモロコシの絹糸はじつは雌しべであり、雄しべから出る花粉が絹糸（雌しべ）につくことで受精するのである。雄しべは茎の先端から出るススキの穂のような雄花の中にある［トウモロコシは雌しべと雄しべがひとつの花の中に共存していない「雌雄異花《しゆういか》」である］。

雄花はひとつにつき２５００万個もの花粉を飛散させる。開花した雄花から飛散した花粉はトウモロコシ畑を漂い、絹糸の先に付く。花粉はすぐに絹糸の中に花粉管を伸ばしていき、胚に達して受精する。これが赤ちゃんトウモロコシの誕生であり、やがて穀粒となるのである。なお、トウモロコシは神秘的な方法で、穂がつける穀粒の量に合わせて穂の長さを調整する。穂についた穀粒が成熟し、絹糸が緑色を帯びた白から茶色に変化したら、摘み取る時期が来たという合図だ。

●トウモロコシの種類

トウモロコシは、おもにその外見とデンプンの構造によって分類される。基本的な６つの種類は、デント、フリント、フラワー、スイート、ワキシー、ポップだ。

デントコーンは「フィールドコーン」とも呼ばれ、アメリカのコーンベルトで栽培されているトウモロコシの95パーセントを占めるが、ほとんどが家畜の飼料になる。くぼみ《デント》という名前の由来はというと、穀粒が軟質と硬質の両方のデンプン質を含んでいて、穀粒が乾燥すると中央の粉っぽい軟質デンプンの部分は縮むが、側面の硬質デンプン部分は縮まないので、頂部にくぼみができるからだ。アメリカ南部で食べられるグリッツ（トウモロコシの粒を乾燥させて粗挽きにしたもので、おもに粥のように煮て食べる）は、通常デントコーンで作る（「グリット」という単語は古英語の「ざらざらした食べもの」という意味の grytt から来ている）。イタリア料理のポレンタは、表面が硬質デンプンでおおわれたフリントコーンから作られる。

今日フリントコーンの大部分は中南米と南ヨーロッパで栽培され、飼料用や食用に用いられている。粒のほぼすべてが硬質デンプンなので、乾燥すると均一に縮み、デントコーンのようなくぼみはできない。最古のトウモロコシの品種のひとつで、古代アステカでも栽培されていた。現在もアンデスの高地で栽培され、ビールの原料になっている。

スイートコーンは穀粒がまだ熟していない乳熟期《にゅうじゅくき》に採って軸付きトウモロコシとして食べたり、保存食として缶詰や冷凍にしたりする。他の種類より糖質の含有が高いからだ。しかし、糖質は収穫されるとすぐにデンプン質に変わるので、なるべく早く食べたほうが食味はよい。スーパーなどでは、苞葉が鮮やかな緑色で、先端に黄金色の絹糸がつき、爪で粒を押すとみずみずしい汁があふれ出すものが好まれている。

ワキシーコーンは１９０８年に中国からアメリカへ導入されたが、その数年後にビルマ［現在の

トウモロコシの大きさを誇張した「トールテイル・ポストカード」[西洋で流行した収穫物を巨大化したトリック写真の葉書]（1907年）

ミャンマー」とフィリピンでも発見されている。アメリカでは牛の発育に適した飼料として用いられるが、工業用デンプン、食品添加物としても利用される。たとえばガムテープや、サラダドレッシング、スープ、グレイビーソース、パイの詰め物、プディングの増粘剤《ぞうねんざい》や安定剤などだ。接着剤を作る際の欠かせない材料でもある。

ポップコーンはフリントコーンに近い種だ。胚乳のほとんどが硬質デンプンで、軟質デンプンは内部にわずかにあるだけだ。熱するとデンプン中の水分が一気に蒸気となって破裂する。ポップコーンはトウモロコシの最古の品種のひとつであり、起源は少なくとも5600年前にさかのぼる。1785年、ベンジャミン・フランクリンは、アメリカ先住民のトウモロコシの料理法のひとつとして「パーチング」を紹介している。砂を入れた鉄鍋を火にかけたところへ1キロほどのポッ

「焼きトウモロコシ用のトウモロコシを収穫する」ジョエル・バーロウの詩「ヘイスティ・プディング」の挿絵。ハーパーズ・マンスリー・マガジン。1856年。

プコーンを入れてかき混ぜるというものだ。「粒がはじけ、2倍ほどに膨れた白い実が飛び出してくる」と彼は書いている。針金で作ったふるいを使ってはじけたトウモロコシと砂を分け、砂は鍋に戻してふたたび熱する。また、先住民はこのトウモロコシを叩いて粉にする。「遠くへ旅をするときなど、先住民はこの粉を小さな袋に入れて携帯し、水と混ぜて食べる。彼らは一日わずか200グラムほどの粉で命をつなぐ[2]」ということだ。

トウモロコシは種皮の色によっても分類される。白、黄、青、黒、赤、それに、さまざまな色が混じった装飾用のトウモロコシもある。アメリカ南西部の先住民は、ブルーコーン・トルティーヤのように、特別な料理や儀式に使う場合は青いトウモロコシを好んだ。世界のほとんどの地域、とくに中央アメリカとアフリカの人々は白いトウモロコシを好んで食べる。

人文地理学者のルイス・E・グリベッティは、アフリカの部族に関する研究の中で、1972~1973年に

チリのサンチャゴの焼きトウモロコシ売りを描いたリービッヒ社の広告葉書（1905年）

「平和のための食糧プログラム」が旱魃救済活動としてボツワナ共和国へ黄色いトウモロコシを送ったことを記している。だが、トウモロコシが配られたセロウェの町の中等学校の学生が暴動を起こした。黄色いトウモロコシの貯蔵庫を破壊し、校長の車をひっくり返すなど、さまざまな方法で屈辱的な贈り物に対する不満を表した。黄色いトウモロコシは動物の飼料には適しているが、人間が食べるのは白いトウモロコシだというのだ。(3)

●トウモロコシの製粉

新世界の先住民は、トウモロコシのほとんどの部分を利用した。葉鞘《ようしょう》（葉の基部）、穂、花は野菜としてゆでる。茎からは甘い汁をしぼる。苞葉はタマリを包むのに使う。グルーエル（薄い粥）やグリッツ（濃いめの粥）、それにシチューやパンも作る。私がインタビューしたメキシコ移民の話では、今でも絹糸を煮出

クーンスキン（アライグマの毛皮）の帽子をかぶり、ライフルを持った男性のコーンハスクドール（トウモロコシの皮で作った人形）。

木彫りの「トウモロコシを挽く男」。トウモロコシの穀粒をすりつぶす伝統的な方法を示している。

してお茶にし、泌尿器系の病気や糖尿病の治療に使うそうだ。ナバホ族はトウモロコシの花粉を使ってスープや儀式用のパンを作る。アメリカ先住民はまた、乾燥させたトウモロコシの穂軸を細かく切って寝具に使ったり、かごに編んだり、織って衣服にしたり、おもちゃや人形を作ったりする。

1794年にアメリカ陸軍のアンソニー・ウェイン将軍はオハイオ川沿いの先住民の居留地についていて、いくつかの居留地の縁がたがいに溶け合って、まるでひとつの村のように何マイルも続いているように見えたと書いている。さらに、「これほど広大なトウモロコシ畑はアメリカのどの地域でも見たことがない」と付け加えている。[4]

先住民がトウモロコシの製粉に使った道具は2種類ある。ひとつは直径約30～40センチ、長さ約60センチの丸太から切り出したすり鉢だ。この丸太を、一方の端を底にして立てて置き、もう一方の端を45センチの深さまでくり抜く。造り方は、まずは丸太の上部中央を燃やし、炎を扇のようなものであおぐか、火吹き棒から息を吹きかける。そして、炭化した部分を掻き出すというものだ。この容器は、トウモロコシの粒がこぼれないよう通常底へ向かって細くなっている。すりこぎは直径約15センチ、長さ1・2〜1・5メートルの木の幹から切り出す。先住民は中央部分を削って持ち手を作り、上部は重しになるように元の太さのまま残した。アメリカ先住民の開拓地に響くドスンドスンという単調でうつろな音は、すり鉢とすりこぎでトウモロコシを粉にする音だ。

　アメリカ先住民は、植物のつるなどを編んで作ったうちわのようなもので穀粒に風を当て、挽いた穀粒と薄皮とを分けた。また、粗く編んだふるいで小さな穀粒を選別することもした。質のよくない穀粒はホミニーに使い、大きな穀粒は野菜や肉を煮たいろいろな料理に入れた。小さめの穀粒はもう一度つき砕いて、コーンミールやトウモロコシ粉にした。

　もう1組の製粉道具は、大きな平たい石（メタテ）とそれより小さい石（マノ）で、メタテの上に穀粒を置いてマノですりつぶす。トウモロコシの製粉は、長い時間力を入れつづけなければならないので、退屈でくたびれる作業だ。シャルロッテ・I・ジョンソンは『民族音楽学 *Ethnomusicology*』という雑誌で、「ナバホ族のトウモロコシ挽き歌」は労働の重荷を心理的にいくらか軽減すると書いている。女性たちは東を向いて1列に並び、ヒツジかヤギのなめし皮の上に石臼を置いて座る。端に座った女性が挽きはじめ、ある程度挽いたものをかごに入れて隣の女性に渡す。そうやって順々に渡していくうち、粉はだんだん細かくなっていく。「面白がって楽しく」作業を続け

トウモロコシを挽くために使われたメタテ（平たい石）の上に置かれた、さまざまな色のトウモロコシの穂とマノ（すりこぎ）。

られるように、女性たちは労働歌を歌う。「からかうような歌詞が多い。女性たちは歌に合わせて冗談を言い、笑いあいながら作業をする」とジョンソンは書いている。歌い終えると、女性と男性が挽いたトウモロコシの小さなかけらをたがいに振りかけて「健闘を讃えあう」のも習わしになっていた。[5]

ジョンソンは言葉より音楽に注目しているのだが、「歌詞にはトウモロコシ挽きの作業に関するものと同じくらい、赤ん坊に関するものが出てくる。つまり、これらの歌はトウモロコシ挽きと豊穣の関連性を示唆しているのだ[6]」という指摘もしている。おそらく、訓練教官が先導する軍隊の訓練歌（ミリタリー・ケイデンス）や鎖でつながれた囚人の歌（チェイン・ギャング・ソング）、黒人労働歌（フィールドホラー）同様、トウモロコシ挽き歌も、あからさまではないにしろ、性的な内容を含んでいたのだろう。表現はさまざまだっただろうが、そうした歌が退屈さを紛らわせ、気分を高揚させたのは間違いない。

収穫が終わってから粉挽きまでの間、トウモロコシは乾燥させ、貯蔵しておかなければならない。セネカ族は、他の多くの部族と同様にフリントコーンを好んだが、収穫が終わったら外皮を上手に編んで屋根の梁《はり》にひっかけ、乾燥させておいた。穂軸をかごに入れて貯蔵した部族もあり、オネイダ族は卵型の容器を使った。

◉先住民の食べもの

ミュリエル・H・ライトの祖父は1866年から1870年までチョクトー族の族長だったが、著書『オクラホマ年代記 *Chronicles of Oklahoma*』の中で、主要「5部族」のさまざまなトウモロコシ料理——ホミニーからダンプリングズ（団子）、チューボ・アハケ（「岩に似たもの」、すなわちかたいパン）まで——について述べている。

木のすり鉢で粉にしたコーンミールから作ったパンは新しい製粉方法で挽いたコーンミールで作ったパンよりずっと栄養があっておいしい、と老人たちは言う。新しい製粉方法では高速で挽くために、コーンミールの「命」や天然の甘みを壊してしまうそうだ。(7)

チョクトー族は秋に野生のブドウを集める。ゆでて裏ごしし、煮立てたブドウ汁の中へコーンミールで作ったかための生地を落とし、ブドウ汁にとろみがついて生地に火が通るまで煮る。結婚式では、花婿の親族が出席者に鹿肉を配る間、花嫁の両親はこの料理を提供する。

クリーク族の「岩のようなパン」のレシピは以下の通り。1ガロン（3・8リットル）かそれ以上のフリントコーンを水に灰を入れたアルカリ溶液にひと晩浸けておき、叩いて細かい粉にする。そして、まん中に穴の開いたドーナツのような形に生地を形成するのだが、ライトは「木のようにかたくなる」と書いている。[8] その生地を壁か天井の梁につるす。遠くまででかける猟師はこれを馬の鞍にくくり付け、仕留めた獲物の背骨の関節と煮てシチューを作る。

クリーク族とセミノール族は、オソフキ（あるいはソフキー）と呼ばれるホミニーを作った。ひと晩浸したトウモロコシを叩き割り、それから1ガロン（3・8リットル）の叩いた穀粒を、灰を加えたアルカリ溶液で煮たものだ。昔からの格言によると、「オソフキを食べたり飲んだりしている限り、先住民は死ぬことはない」[9]。

フレデリック・ウェブ・ホッジ編集の『メキシコ北部アメリカ先住民のハンドブック *Handbook of American Indians North of Mexico*』（1910年）では、ソフキーを「薄くて酸味のあるコーンミール」と説明している。[10] 粗く割り砕き、あおいで種皮を取り除いた穀粒を湯の入った鍋で煮る。数時間も煮続けると粘り気が出てくる。そのまま3日放っておくとすっぱくなり、酢のようなにおいがして辛みと苦みが出てくる。ときにはブルーコーンのダンプリング（団子）を加えて食べることもある。食事にはソフキーがつきものなのだ。

◉植民地の食事

北アメリカに渡ってきたヨーロッパ人は、先住民をまねてトウモロコシでグルーエルやグリッツ、パンを作った。ホミニーは、こうした入植者にすんなりと受け入れられた最初の食品のひとつだ。ビッグ・ホミニー、またはホール・ホミニーは、粗く挽いて種皮を取った穀粒を灰汁に浸してゆで、野菜のようにスープ、シチュー、サンプにして食べる。サンプとは挽き割りトウモロコシを煮た料理のことで、ミルクやバターを入れて熱いまま、あるいは冷やして食べる。一種の催淫薬だという人もいる。

グリッツは、ホミニー・グリッツ、ファイン・ホミニー、あるいはスモール・ホミニーとも呼ばれたが、ビッグ・ホミニーより細かく挽いた穀粒で作られた。石臼で挽いたグリッツが最もおいしいという人がいるが、それは胚が破壊されていないためだろう。南部のグリッツは朝食に野菜として添えられることが多いが、バター、レッドアイ・グレイビー［カントリーハムを焼いて出た肉汁に小麦粉でとろみをつけたソース］、チーズなどお好みのものをかけたり、ハム、ソーセージ、ベーコン、卵に添えたりして食べることもある。また、夕食にエビに添えて出すこともある。残り物のグリッツは、バターを加えてグリドル（鉄板）で焼くこともある。

植民地時代のコーンブレッドの中で最も人気があるのはジョニーケーキ（Johnnycake）で、今でもニューヨーク州、コネティカット州、ウエストバージニア州、ロードアイランド州のコミュニティ

トウモロコシを挽くホピ族の女性。アリゾナ州。1909年。

にはジョニーケイク通りと呼ばれる道があり、その名を残している（アメリカには「ジョニー・ケイク」という名の人もいる）。この名の起源は定かでないが、先住民の言葉の「ジョニケン」あるいは「ジョナケン」から来ているのかもしれない。あるいは、荒野を旅するときに、食糧として皮の袋や鞍袋に入れて持っていった「旅のケーキ《ジャーニー・ケーキ》」が変形したとも考えられる。この食べものはジョニーケーキ（jonny cake）、インディアンケーキ、ショニーケーキ、アッシュケーキ、コーンケーキ、ホーケーキとも呼ばれる。中身の詰まった平たいパンで、コーンミール、塩、水（または牛乳）から作り、木灰の中で焼くかグリドルに油を引いて焼く。

ナラガンセット族はコーンフラワーを粉にしたイチゴと混ぜ、ストロベリーブレッドを作った。塩の代わりにアサリなど貝類の汁を搾ったクラムジュースを加え、甘くないパンを作る部族もあった。植民地の女性たちは、ふるいにかけた粗挽き粉を熱湯と混ぜて生地を練り、暖炉の燃えさかる石炭の火と垂直になるように、あるいは少し傾斜をつけて取りつけられている平らな鉄板の上に載せた。ケーキの片面が焼けると、糸かナイフを鉄板との間に滑りこませてひっくり返して焼き上げた。

19世紀半ばの料理書には、「ホーアイロン」（このケーキを焼くための調理器）が出てくる。[11]「ホーケーキ」という言葉は、インディアンコーンを粗挽きにしたものを練って生地を作り、アフリカ系アメリカ人が野外労働をするときに使った大きなくわ《ホー》で焼いたものを指すことが多い。

初期のアメリカ人たちは「インディアン・プディング」のようなプディングも作った。この名前は、おもな材料であるトウモロコシの粉「インディアンミール」に由来する。これは、焼くか、ゆでるか、あるいは金属製の器に入れたり、布で包んで4隅を集めて結び、袋の形にしたりして蒸すこともあった。そのため「バッグ・プディング」とも呼ばれた。

キース・ステーヴリーとキャスリーン・フィッツジェラルドは、アメリカ建国当時の食品に関する著書で、プディングの質素なレシピと豪華なレシピの両方を紹介している。質素なプディングは、牛乳で湿らせて甘みをつけた粗挽き粉を布で包んで12時間蒸したもの。より手の込んだ作り方は、温めた牛乳と粗挽き粉を混ぜ、一度冷ましてから卵、レーズン、バター、スパイス、砂糖または糖蜜を加えて1時間半焼くというものだ。

著者はまた、プディングの濃さとかたさとともに、「ゼリーのようなやわらかさ」に関するものとして、ハリエット・ビーチャー・ストウの１８５９年の小説『牧師の求婚』［鈴木茂々子訳／ドメス出版／２００２年」を引用している。この小説の中で結婚の見込みについてからかわれた若い女性が、「私は６年間もプディング作りの練習をしてきたの。だから、煙突に放り投げるのだって誰にも負けないわ」と言っている。ストウの説明によると、この表現は「ゆでたインディアン・プディングを放り上げて煙突にぶつけ、地面に落ちてきても壊れていないくらい粘り気のあるプディングを作れないうちは嫁には行けない」という伝統に基づいたものだ。[12]

スプーンブレッドもプディングのひとつだ。サラ・ラトリッジが『カロライナの主婦 *The Carolina Housewife*』（１８４７年）で初めて書物に取り上げたが、この料理自体はおそらくそれ以前から存在していたと思われる。彼女のレシピでは、コーンフラワー１パイント（約０・５リットル）を使い、その半分を湯で煮て粥状（マッシュ）にする。これがほぼ冷めたら、卵２個、バター大さじ１、牛乳１ジル（４分の１パイント。０・１リットル）と残りのコーンフラワーを加える。そして、グリドルまたは油を引いた平鍋にスプーン１杯分ずつを落として焼く。[13] 別のレシピでは、このやわらかい粘り気のあるプディングをスプーンですくって温かい料理に入れるというものもある。どちらの方法でも、スプーンブレッドの「スプーン」は道具を指し、この料理はパンというよりプディングだ。南部の料理の中でも人気があり、ケンタッキー州ベレアでは１９９７年から毎年１回スプーンブレッド・フェスティバルが開催され、スプーンブレッド早食いコンテストも行なわれる。

●戦争中の食べもの

「食糧が戦争を決する。食糧資源を十分確保している国が勝者となる」は、『戦争に勝つ食糧とその料理法 *Foods That Will Win the War and How to Cook Them*』（1918年）の書き出しの文だ。[14] アメリカ合衆国が第1次世界大戦に参加したとき、食糧は重要な問題となった。ウッドロウ・ウィルソン大統領はアメリカ合衆国食品局を設立し、将来の大統領ハーバート・フーバーをその長に任命した。そしてアメリカ人は、「肉なしの月曜日（meatless Mondays）」や「小麦なしの水曜日（wheat-less Wednesdays）を過ごすよう強いられることになった。

「男たちが命をかけるなら、私たちは食事を控えよう」と人々は繰り返し口にした。[15] アメリカの一般大衆は小麦の代わりにトウモロコシ、大麦、米を食べ、肉を控えて臓物を活用した。肉を使わない料理を作り、砂糖の代わりにコーンシロップを使った。食品の廃棄が制限され、これを守らなければ「敵を支援している」と見なされた。ひとつの家族が日に一度小麦を使わない食事をすれば、1年で9000万ブッシェル（約245万トン）の小麦が節約できる。めいめいが小さな犠牲を払えば、アメリカ軍の食糧をまかない、海外の飢餓に瀕した人々へ食糧を送ることができるのだ。小麦をどれくらい「戦時中のパン」に変えたかによって、愛国心が評価された。

『戦争に勝つ食糧とその料理法』には、戦時中のパンのレシピが47、安い肉や肉の代替品を使った料理のレシピが64、砂糖を使わないデザートのレシピが54掲載されていた。トウモロコシをベー

アメリカ合衆国食品局のポスター（1918年）

スにした料理には、コーンミール・ロール、バターミルク・コーンミール・マフィン、コーンミール・グリドルケーキ、スプーンブレッド、インディアン・プディング、卵抜きのコーンブレッド、酸乳を使ったコーンブレッドなどがあった。サプライズ・シリアルはオーブンで20分焼くのだが、材料は3カップの乾燥したパンくず（できればコーンブレッド）、シロップ（できればコーンシロップ）大さじ3、塩小さじ半分で、「きわめて安価でおいしい」[16]。他にも「タラとピメントチーズとコーンミール・マッシュのキャセロール」「コーンミール・マッシュと肉、ピーマンのみじん切りで作るタマリパイ」などがあった。

この料理本には5日分の献立も掲載されている。1日3食のうち2食はトウモロコシを使った料理――コーンマフィン、南部のスプーンブレッド、メープルコーンスターチ・プディング、コーンフレーク、コーンポーン、コーンパフ・アンド・デーツ、コーン・アンド・ライスマフィンなど――が出てくる。5日目などは、クリーム・オブ・グリッツのシリアル、コーンマフィン、コーンのシチューと、3食すべてトウモロコシ料理だ。

政府も報道機関も、戦時用のパンは弾丸より重要で、代用の穀類を使うことは政府が発行した戦時公債リバティ・ボンドを買うのに等しい、忠誠心から出た行動だ、と主張した。戦時用のパンは味も口当たりも必ずしも魅力的だとは言えなかったが、ほとんどのアメリカ国民は「小麦を控えて戦艦を助けた」［Save the wheat and help the fleet. は第1次世界大戦中の標語］。

●トウモロコシの現代の食品と工業的用途

現在、食料品店の棚や冷凍庫には、何らかの形でトウモロコシを含む品物が約3500種類並んでいると言われている。プディング、ソース、スープ、それに種々のアジア料理には、増粘剤《ぞうねんざい》としてコーンスターチ［トウモロコシから作られるデンプン］が含まれている。ベビーフード、ジャム、ピクルス、ビネガー、イースト、そして粉ミルクやインスタントのポテトフレークのような乾燥製品にも使われており、菓子類にまぶしておくとたがいにくっつかない。

コーン油は煙点《えんてん》が高く、揚げ物に適している。また、マーガリン、マヨネーズ、サラダドレッシングの材料でもある。コーンシロップは、キャンディコーンなどの菓子類やケチャップ、アイスクリーム、加工肉、コンデンスミルク、ソフトドリンク、スープ、ソース、ビールに甘みや濃度をつけ、口当たりを良くするために、もしくは水分安定剤として入れられる。コーンミールとコーンフラワーは、マフィン、トルティーヤ、タコスの皮、チップ類、ポレンタ、グリッツ、ホミニー、シリアル、コーンブレッドその他のパンに使われている。トウモロコシはバーボンウイスキーの製造にも欠かせない。

トウモロコシから作られる多くの食べものの中でも、ポップコーンはスナックとしてとくに広く親しまれている。空気で膨張しているだけなので低脂肪低カロリーであり、砂糖やナトリウムが含まれておらず、しかも食物繊維や抗酸化物質が豊富だ。２００３年、イリノイ州知事はポップコー

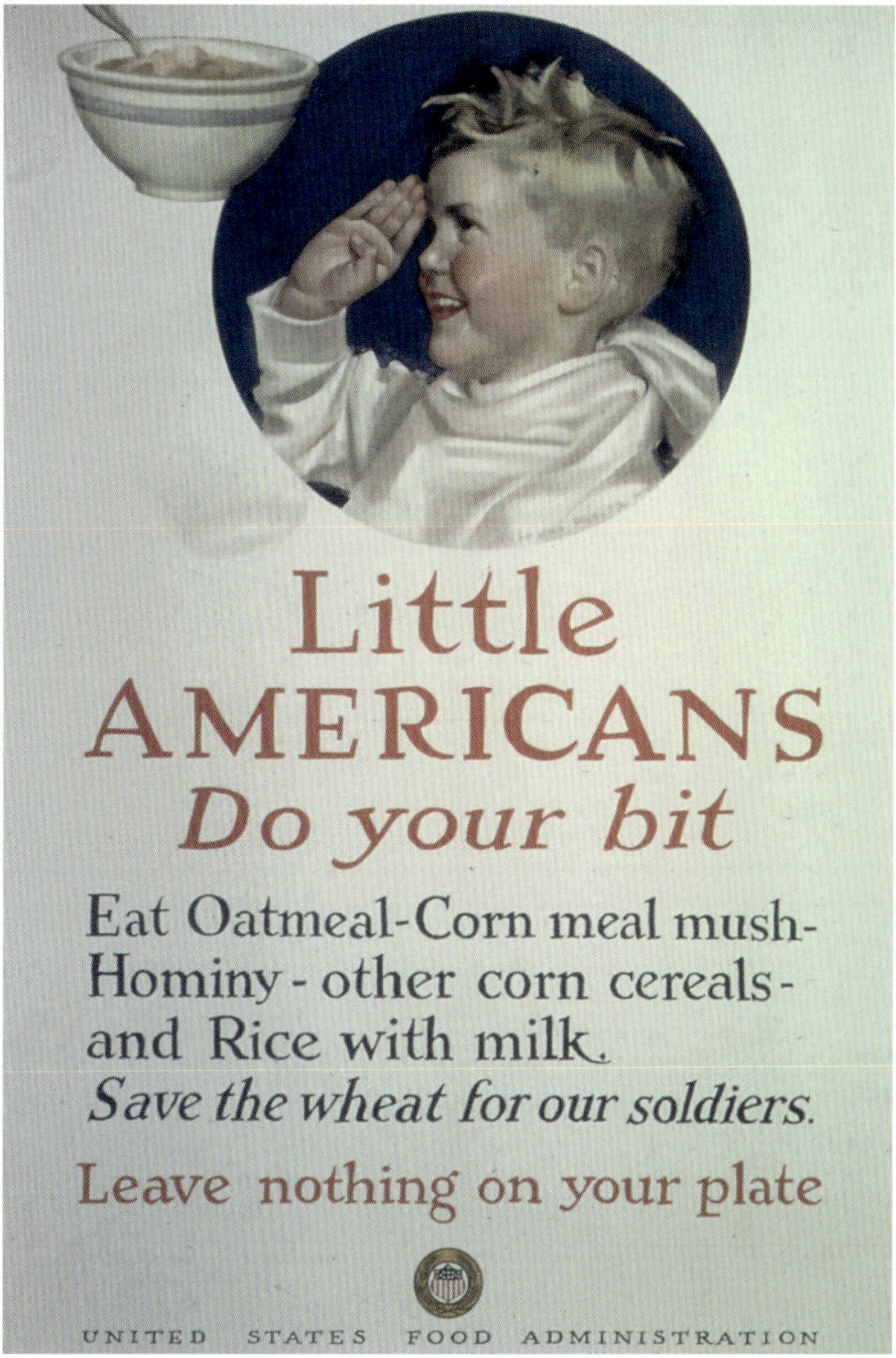

アメリカ合衆国食品局の第１次世界大戦のポスター

クイーンシティ・マニファクチャリング社「ボーイ・オ・ボーイ！」ポップコーンの箱。オハイオ州シンシナティ。1940年代または50年代。

ンを州公認のスナックにするという上院法案185条に署名している（イリノイ州はアメリカで最もポップコーンの生産高が多い州のひとつだ）。バターをかけた熱々のポップコーンは欠かせないという映画ファンも多い。

キャラメル、ハチミツ、メープルシロップが入ったポップコーンボールは19世紀後半から人気となった。20世紀前半には、糖蜜とピーナッツを加えたクラッカージャックが誕生した。今日では、ベーコン・キャラメル、ブルーベリー、バーベキュー・ケトルコーン、チェダーチーズ、チョコレート・ココナッツ、ディル・ピクルス、ファッジ・ブラウニー、ガーリック、ハチミツ、リコリス、塩バニラ、シラチャ・ホットチリ、ナチョチーズ、パンプキン、スイカなど、さまざまな風味のグルメ志向のポップコーンが販売されている。

トウモロコシが使用されている製品は4000品目を数えるが、その大部分は工業製品だ。接着剤、プラスチック、梱包材、絶縁材料、爆薬、塗料、研磨剤、殺虫剤、薬剤、溶剤、布、不凍剤、石けんその他に使われている。金型やプラスチック用金型、スパークプラグ用セラミック絶縁体、防腐剤、深層掘削用油井泥には、何らかの形でトウモロコシが含まれている。エタノール、化粧品、インク、洗濯のり、靴クリーム、段ボール、映画撮影で使用される血糊もトウモロコシ関連の製品だ。紙おむつや病人用便器にもコーンスターチが含まれていて、本体の2000倍の水分を吸収する。生分解性の袋、カップ、皿などの食器の主材料でもある。さらには、さまざまな装飾品、コーンパイプ［喫煙具］、トウモロコシの繊維を使ったほうき、トウモロコシで作る釣り用の練り餌、

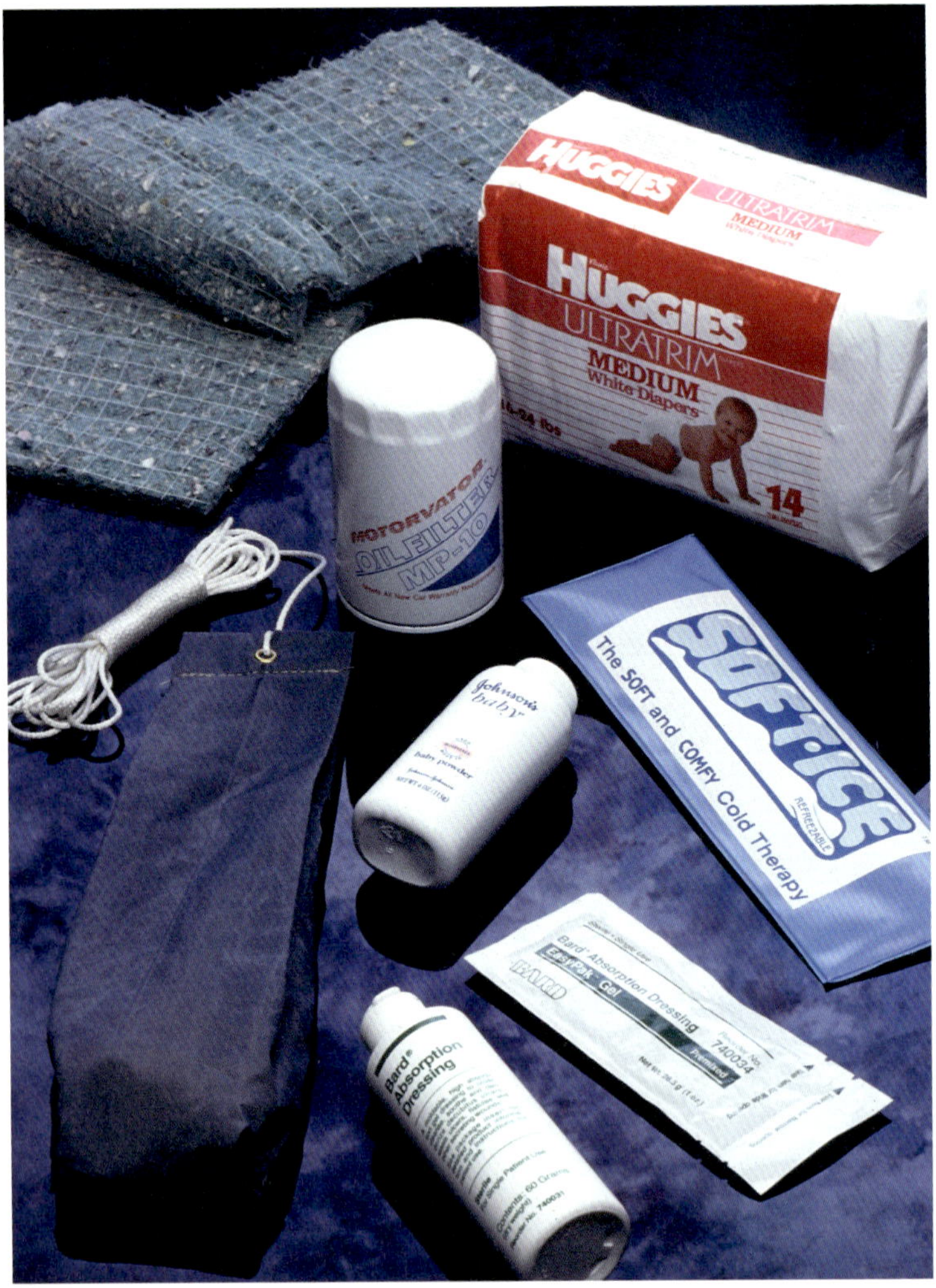

トウモロコシの粉（コーンスターチ）から作ったさまざまな製品

トウモロコシの茎で作ったフィドル［バイオリン］、秋になると飾る乾燥させたトウモロコシの茎もある。

遺伝学、生理学、土壌学、生化学など多くの学問分野でも、トウモロコシをテーマにした詳細な研究が行なわれている。これほど徹底的に調査され、多くの利用法が開発された植物は他にない。現在トウモロコシが栽培されている国は約１６０か国におよぶ。次章では、この植物がどのように世界中に広まり、食品、飼料、工業製品の比類なき原料となったかを検討する。

第3章◉トウモロコシの伝播

1492年11月、クリストファー・コロンブスはキューバの一部を探検するために特使を派遣し、先住民族と接触した。息子のフェルナンドはこう書き残している。「彼らはまた……インゲンマメ、ソラマメの一種が植えられた広い土地を目にした。そこにはキビに似た穀物も植えられていて、メイズと呼ばれていた。たいそう美味で、ゆでたり、焼いたり、粉に挽いたりした[1]」。先住民はその穀物をマイース（mahiz）と呼んでいた。1493年5月に最初の航海から帰国すると、コロンブスは「マイース」をヨーロッパに紹介した。

7000~9000年前にメソアメリカで生まれたトウモロコシは、南北アメリカ大陸全域に広まった。コロンブスがスペインに持ち帰ったあと、ヨーロッパ、アフリカ、アジアへ広めたのは、おもにポルトガル人とアラブ人の貿易商だった。トウモロコシが急速に世界中に広まったのにはいくつか理由がある。トウモロコシは湿度が高くて小麦が生育しない土地や、湿度が低すぎて米を栽

メルカド（市場）近くの道端で売られているプラスチックのカップに入ったスナック。プラスチックのカップにゆでたトウモロコシの穀粒、ライムジュース、チリパウダー、クリームが入っていて、人気のおやつだ。メキシコ、メリダ。2015年。

培できない土地でも元気に育つ。しかも生育期間が短く、必要とされる労働量は多くない。高収量作物であり、穂1本当たり数百の穀粒が実る。トウモロコシほど多量の脂肪、糖分、炭水化物を含む植物はほとんどない。さまざまな土壌や気候に適応できるうえに、大量の降雨にも耐えることができ、病害抵抗性も高い。

トウモロコシの調理法も変化に富み、応用範囲も広い。野菜としても穀物としても食べられる。トウモロコシの調理法は、チリのパステル・デ・チョクロと呼ばれる甘くない軽食セイボリーのように複雑なものもあるが、きわめて簡単なものも多い。たとえば、まだ若い穂をゆでるか焼くかしたり、小さなかたい穀粒を熱した石の上や砂の中ではじけさせてポップコーンを作ったり、穀粒を石で挽き、その粉に水を加えたものを板、刃、グリドルの上で焼いて平たいパンを作ったりする。あるいは、粗挽き粉をお湯か牛乳で煮て、ポリッジやマッシュ、グルーエルを作る。トウモロコシが急速に広範囲に広まり、しかも世界中で主要な食品になったのは、何ら驚くべきことではない。

●トウモロコシの伝播

トウモロコシは南北アメリカ大陸からまずスペインに運ばれた。すでに1498年にはカスティーリャで、1500年にはセビリアで栽培されていたことが確認されており、16世紀末までにはスペイン南部からドイツやイギリスの菜園へ広まった。17世紀半ばにはイタリアの農村民の食事においてきわめて重要な食品となり、18世紀までには、フランス東部で家畜の飼料や農民の食べものとして栽培されている。18世紀にはバルカン半島諸国でも広く用いられるようになった。その1世紀のちには、ルーマニアのトウモロコシの年間平均輸出量は新世界のアルゼンチンに次いで世界第2位となっている。

ポルトガル人はトウモロコシをミーリョ（milho）と呼んだ。1500年代初頭には貿易商がトウモロコシを中央アメリカから大西洋の島国カーボベルデ、アフリカ西海岸沖のサントメ・プリンシペへ伝えた。以降、トウモロコシはポルトガル人によって東アフリカへ伝えられ、同じ頃、アラブの商人によって地中海沿岸と北アフリカへ伝えられている。エジプトに伝わったのは1517年、遅くとも1623年にはエチオピア各地で野菜として栽培されている。

今日トウモロコシは、サハラ以南アフリカと中南米に暮らす12億の人々の主食となっている。アフリカ最大の生産国はナイジェリアで、南アフリカがそれに続く。他の地域では大部分が家畜の飼料や工業製品の原料に使用されているのに対し、アフリカ全体でトウモロコシの95パーセントは人間の食糧として消費されている。アフリカのいくつかの国では、人間が摂取するカロリーの少なくとも50パーセントはトウモロコシによる。

ポルトガル人とアラブの商人によってトウモロコシが中東に伝わったのは16世紀初頭である。その後まもなくインドの西海岸とパキスタンでも栽培されていたことが報告されている。同じ頃には中国南西部にも伝わっており、中国初のトウモロコシの絵は1590年のものだ。

ポルトガル人の船乗りが日本の長崎にトウモロコシを伝えたのは1580年頃だが、日本でトウモロコシが重要視されるようになったのは19世紀後半の明治時代になってからだ。現在の日本は世界最大のトウモロコシの輸入国だ。その4分の3はアメリカからのもので、大部分は家畜の飼料として使用されている。20世紀初めにスイートコーンが初めて北海道で栽培され、今では広く親しまれている。１６００年代半ばまでには、トウモロコシはタイ、インドネシア、フィリピンでも定着していた。

トウモロコシの伝播の跡をたどるのは簡単ではない。1世紀以上にわたってスペイン人とポルトガル人——とくにポルトガル人——は、新世界の少なくとも五指にあまる地域からトウモロコシを運び出した。ポルトガル人の貿易商は、アフリカとアジアの沿岸航路をたどった。アラブ人は地中海地方、アフリカの一部、東洋を定期的に往復した。トルコ人は１５２６年のハンガリー征服を含め、オスマントルコが他の地域を征服する際に、軍隊と農民の食糧にした。アジアでは、中国人とインド人の商人がシルクロードを通って西方へ伝えた。トウモロコシは商人や探検家によってひとつの国へ伝わると、しばらく経ってからまた別の商人や探検家によってもう一度伝えられた(2)。そして、そこで暮らす人々の選択とその土地の条件によって、新しい交配種が生まれていった。

トウモロコシの起源をめぐってはさまざまな混乱が生じた。トウモロコシはイギリスでは「トルココムギ」(Turkish wheat)と呼ばれたが、新世界からもたらされた「インディアンコーン」としても知られていた。トスカナ人は「シシリアンコーン」と呼んだ。トルコ人は「エジプトコムギ」と名づけたが、エジプト人は「シリアモロコシ」(dourah de Syrie)と呼んだ。ドイツ人は「トルコ

トウモロコシ刈り取り機を推奨するトウモロコシの王。マコーミック社の宣伝用ポスター。1901年。

コムギ」（Turkischer weizen）と名づけ、ポルトガル人は「ミーリョ・ダ・インディア」と呼び、日本人は「ナンバンキビ」（外国のキビ）という愛称を付けた。呼び名の多さはトウモロコシの由来がはっきりしなかったことを示しているが、それはまた、広範囲に栽培され、さらには主食として重要な作物だったことの証明でもある。

●穀類の王様

植物学者ジョセフ・バート・デービーは、その画期的な著書『トウモロコシ Maize』（1914年）で、農業研究者C・S・プラムの言葉を引用している。「さほど費用をかけずに1エーカー（約4000平方メートル）あたり1439キロもの生産高を上げる作物は他にはないだろう。インディアンコーンほど農作業量に対して大きな収益の上がる穀物は存在しない」。そしてプラムは、「トウモロコシは穀類の王だ」と結論づけている。(3) 生産量はもちろん、調理法の多さも、このプラムの主張を裏付けていると言ってよい。

ザンビア、マラウイ、それにコンゴのいくつかの地域では、「ナシマ」(nashima または nasima) を主食とするが、これは白いコーンミール(「ミーリーミール」)を粥状にしたものだ。鍋を火にかけている間、料理人は平たい木のスプーンを使い、鍋の側面に糊のような生地を塗りつけてとろみを濃くしていく。それから、生地がくっつかないように油を塗るか水につけるかした木のスプーンで分配する。

食事は手でつかんで食べる。手はボウルに入れた水で洗うか、主人がまず老人と客人の手に、それから他の人々の手に水を注ぐ。食べるときは、ナシマを少量右の手のひらに取り、丸めてボール状にして上部を少しへこませ、そこへ大鉢に盛られた「薬味」を載せる。薬味には鶏肉、魚、豆、ピーナッツなどのタンパク源や、キャベツ、カボチャの葉、ハゲイトウ、ハトウガラシなどの野菜が使われる。マラウイでは食事にはよくペリペリ(またはピリピリ)と呼ばれる、つぶしたトウガラシにレモン、オイル、ピーマンを加えたものが添えられる(柑橘類の皮、タマネギ、コショウ、塩、レモン汁、ローリエ、パプリカ、ピメント、バジル、オレガノ、タラゴンが入ることもある)。

アフリカの大湖地域[アフリカ最大の湖、ヴィクトリア湖の周辺地域。コンゴ、ルワンダ、ブルンジ、ウガンダ、タンザニア]とアフリカ南部の一般的な料理であるウガリ(Ugali)は、ナシマと料理法も食べ方もよく似ている。ジンバブエの定番料理サザ（sadza）と、ガーナの国民食であるフフ（fu-fu）も、同じように調理して食べる。ポップコーンはアフリカ全域で人気のスナックだが、もぎたての軸付きトウモロコシをゆでるか焼くかして食べるのも一般的だ。

インドでは、トウモロコシは最も重要な食用作物として、米、小麦に次いで第3位を占めている。屋台の食べもので人気があるのはコーンサラダだ。トウモロコシを炭火でじっくり焼き、穀粒を軸からはずして塩、ライム果汁、クミン、カルダモン、赤トウガラシ、黒コショウ、チャートマサラ（粉末のスパイスミックス）を混ぜたドレッシングをかける。屋台の露天商はトウモロコシの軸も直火で焼いて、塩とレモン汁をかけて売る。

パンジャブ州では、コーンフラワーで作るマッキディロティと呼ばれる平たいパンを、新鮮な葉野菜を煮たものと一緒に食べる。私はインド各地のレストランでスイートコーンのスープを何度か食べたことがあるが、それは野菜スープにトウモロコシの穀粒（アメリカのものより甘みがやや少なくてかたい）、ライム果汁、黒コショウを入れたものだ。

中国人はトウモロコシをパンや粥にして食べたり、他の穀物と一緒に麵類に入れたりする。ベビーコーンのシャキシャキした食感を楽しみながら食べることもある。インドネシアでは揚げ物が人気で、「プルクデルジャグン」もそのひとつだ。作り方は以下の通り。粒々が残るトウモロコシのペースト、ネギ、ガーリック、トウガラシ、タマネギ、卵、小麦粉を混ぜたものに全粒トウモロコシを加える。中華鍋に油を熱したら生地をスプーン一杯ずつ入れ、カリッときつね色になるまで揚げる。

中国・雲南省の古都麗江（リージャン）のインターネットカフェの屋根に吊されたスイートコーンと小さな板。板には「休憩」「速度は遅いがメール可」「読書」「おしゃべり」「喫茶」と書かれている。2012年。

フィリピン人は、いくつかのトウモロコシ料理と飲みものが自慢だ。そのうちのひとつが「スアム・ナ・メイス」（もぎたてのトウモロコシのスープ）である。まず、トウモロコシの穀粒を穂からはずしておく。タマネギとニンニクを炒めたところへ鶏もも肉を加え、中まで十分火を通す。そこへ魚醤《ぎょしょう》、チキンスープ、トウモロコシを加える。スープを火から下ろしてから、最後にホウレンソウを加える。

一方ヨーロッパでは、ワラキアとモルダビアのルーマニア人はコーンミールの粥を好み、付け合わせにするほか、これをもとに他の料理を作る。私の知人の話では、サワークリームやチーズを添えたり、ボウルの中でホットミルクと混ぜて食べたりするそうだ。また、少量の油で焼くこともあるが、油は農民にとっては高価なので、お湯でコーンミールを粘り気が出るまで練ったり、中にチーズを入れて丸いボール状にして炭火で焼いたりしたという。

17世紀までには、イタリアのトスカーナ州でもトウモロコシは主要な穀物になっていた。北イタリアは、ポレンタだけでなくトウモロコシパンでも有名だ。イタリアのポレンタとアメリカのグリッツの大きな違いは、ポレンタは伝統的にフリントコーンから作るのに対し、後者はデントコーンから作るということだ。フリントコーンはデントコーンより長く食感が残る。また、フリントコーンはミネラルや花の要素を多く含んでおり、デントコーンの「これぞトウモロコシ」という味とは異なる。この2種類のトウモロコシが見た目も食感も味も異なるのは、製粉も大いに関係している。イタリアでは、トウモロコシの製粉はいくつかの工程に分けて大きなかけらから徐々に細かい粉にしていくが、産業革命前のアメリカでは一度で挽いたために、製粉の仕上がりにはばらつきがあったのである。(4)

●蔑視

しかしながら、トウモロコシは西ヨーロッパや、北アメリカに入植した初期のヨーロッパ人の間では、広く人気があったとは言えない。イギリスの植物学者ジョン・ジェラードはトウモロコシを挿絵付きで説明した最初のヨーロッパ人だが、トウモロコシで作ったパンは、「野蛮な先住民はよい食べものだと考えたようだが」、消化がきわめて悪く、体にほとんど栄養を与えないと書いている。そして、「トウモロコシにはほとんど栄養がないうえ、かたくて消化がきわめて悪く、人間より豚

エマ・チャーチマン・ヒューイット著『トウモロコシ製品を使った料理本 *Corn Products Cook Book*』（1910年）

の餌に向いている」と結論づけている。(5)

実際、緊急の場合を除けば、西ヨーロッパではトウモロコシは人間の食品というよりもっぱら動物の飼料だったというのは事実である。1840年代のジャガイモ飢饉の間、アイルランド人はしぶしぶトウモロコシを食べはしたものの、のちに救貧院《きゅうひんいん》でジャガイモの代わりにトウモロコシを出そうとしたことが原因で暴動が起きている。トウモロコシには毒がある、食べるとひどい苦痛に見舞われる、などと主張する者もいた。

新世界からトウモロコシを最初にヨーロッパに持ちこんだのはスペインだが、スペインの多くの地域でトウモロコシは今でも蔑視《べっし》されている。スペイン人がトウモロコシを食べるのは、軽食としてのポップコーン、幼児や病人向けのポリッジ、あるいは高価なオリーブ油の代替品としてのコーンマーガリンくらいのものである。つまり、コーンミールやコーンフラワーを使って料理する場面はスペインではまず存在しない。

イギリス人もまた、本国においてもアメリカにおいても、あまりトウモロコシとは相性がよくなかった。ベンジャミン・フランクリンは、日付はないがおそらく1785年頃に書かれたと思われる文書の中で、イギリス人の農民は、北アメリカの土壌と気候が小麦の栽培に向かないとわかっても、「トウモロコシを見下し、無視した」と書いている。(6) キース・ステーヴリーとキャスリーン・フィッツジェラルドは著書『アメリカ建国時の食品 *America's founding food*』で、初期の入植者はトウモロコシに対して「ためらい」を感じたと書いている。(7)

イギリスで好まれるのはなんといっても小麦だ。もっちりとやわらかいパンや、コクのあるなめらかなスープやシチューに小麦は欠かせない。昔からパンには序列があり、白いパンが最も尊重され、黒いパンは評価が低かった。そのため、パンの種類は食する人の社会的地位を示した。自分がどの階級の人間かを示す食品として、あるいは、自分は人がそうなりたいと思うような階級の人間だと誇示する食品として、パンはきわめて重要だったのだ。

ニューイングランドで小麦が不足したため、入植者はインディアンコーンか、ライアニンジャン(ryaninjun)［injun は先住民（インディアン）を指す差別語］と呼ばれたライ麦とトウモロコシのミックス粉をよく用い、下層階級を意味する黒いパンを食べた（パンを膨らませるにはイーストが必要だったが、これもなかなか手に入らなかった）。粉に塩と熱湯を加えてかたくなるまでこね、油を塗った鍋に入れて温かい場所に置いて膨らませる。1時間ほどで生地のてっぺんにひびが入るので、それから生地を3～4時間いて出来上がり。

郷愁の念も関係していた。イギリス人入植者は、故国の慣れ親しんだ食品を恋しく思っていた。故郷の食べものと食べ方に執着するあまり、トウモロコシを拒絶する感情が生じたのだとステーヴリーとフィッツジェラルドは書いている。入植者は、自分たちは文明人であり、耕作地に根を下ろす定住者だと自認していた。彼らにしてみれば、先住民は家畜を飼い慣らすことも、自らの土地を確定して改良する努力もしない連中であり、狩猟をしながらふらふらと放浪する「野蛮人」でしかなかった。ところが、情けないことに入植者たちは、ときには侮辱し、立ち退きまで迫った「野蛮

焼きトウモロコシを売る行商人。エルサレムのヤッファゲートプラザ。

人」の食べものに頼ることしか生きのびる手だてがなかった。「文明人」はいわば「先住民化」を余儀なくされたのだ。

アメリカ南部では、トウモロコシはよく豚肉と一緒に食されるようになった。とくに人気があったのはコーンブレッドだ。配合も作り方もさまざまで、最もシンプルなものは、粗挽き粉と塩、水だけで作るトウモロコシパン、「(コーン)ポーン」もあったが、牛乳、バターミルク(牛乳からバターを採取した残りの液体)、卵、ショートニングを加えて変化をもたせたものもあった。

私はアパラチア山脈の高地に暮らす人々から、ボウル1杯の砕いた温かいコーンブレッドを「スイートミルク」(バターミルクに対し脂肪分を含む牛乳のこと)に浸したものがいちばんのごちそうだと聞いたことがある。豚の皮をカリッと揚げた「クラックリンズ」または「ポークスクラッチ

「生地をあなたのテーブルに」と書かれたトルティーヤ売りの屋台の看板。メキシコ、メリダ。2016年。

ング」と呼ばれる食べものがあるが、これを粉に混ぜて「クラックリンブレッド」を焼くこともあった。

サミュエル・B・ヒリヤードは『豚肉とホーケーキ *Hog Meat and Hoecakes*』の中で、「コーンブレッドがなぜ好まれてきたのかは、まったくの謎である」と書いている。安価なコーンミールは奴隷の食べものでもあり、その一般的な配給量は、大人ひとりにつき週にトウモロコシかコーンミールを1ペック（約9リットル）、または年に約13ブッシェル（約460リットル）。「どうしてこれほどまで愛されるのだろう」とヒリヤードは思いをめぐらせる。コーンブレッドは作るのは簡単だが、おいしさは長もちせず、すぐに乾燥してかたくなってしまう。だからだろう、南部の主婦は毎食焼きたての熱々のパンを出す。ヒ

東アフリカのフランス植民地でのトウモロコシの収穫を描いた20世紀初頭のリービッヒ社の広告

リヤードはこう書いている。「コーンブレッドの人気の理由がどうしてもわからない。南部人はコーンブレッドしか食べるものがなかったときはもちろん、小麦のパンが手に入るようになってからもコーンブレッドを求めつづけたが、それはその味を好きだと思うように教育されたからだと結論するしかない[8]」。

ここまで見てきたように、トウモロコシ料理は多くの人々に愛されてきたが、場所や時代によっては軽んじられもした。調理法は、これまでに紹介した料理のほとんどがそうであるように、簡単なものが多いものの、複雑なものももちろんある。次章では、いくつかの国と時代における、トウモロコシの料理や飲みもの、あるいはその消費に関わる伝統について、さらに詳細に検討する。

第4章 ◉ トウモロコシ料理の数々

トウモロコシの穀粒を食べるためには、穂の苞葉《ほうよう》をむかなければならない。植民地時代のアメリカでは、田舎町や村で集まってともにトウモロコシの皮むきをする「お祭り騒ぎ」や「寄り合い」が行なわれたが、これは共同作業の名を借りた懇親会だった。

ニューハンプシャー州の教師で、のちに牧師となったジェイコブ・ベイリーは、「最近キングストンで美男美女が集ったトウモロコシの皮むき会について A Description of a Husking Frolic Lately Celebrated by the Beaux and Belles of Kingston」（1755年）という詩を書いている。部外者として集会に出かけた語り手は、積極的な若い女性たちに興味をかき立てられる。そして、赤いトウモロコシの穂を見つけた若い男性は美しい人を抱きしめる権利を得るという習わしがあることを知る。キスと酒で「乙女は燃え上がった」、とベイリーは書いている。一同の振る舞いはたちまち過激になった。語り手は喜々として参加し、「快楽の天国」に身を任せながら、ジェニーとトウモロコシの皮

「トウモロコシの皮むき会」ジョエル・バーロウの詩『ヘイスティ・プディング』の挿絵。ハーパーズ・マンスリー・マガジン。1816年。

の上に倒れこんだり、ドリーを腕で抱き上げたりする。ドリーの髪をもてあそんではそのすばらしさを数え上げ、彼女を「愛しい人」と呼んだりする。

やがて「新たな喜び」が訪れた。夕食が始まるという知らせである。ガツガツと食べる娘たち。その後、美男たちは「床で娘たちと重なりあって格闘」し、「みだらな情景」が繰り広げられる。「無秩序状態にうんざりした私は愛するドリーとこの混乱から抜けだし、新しい楽しみを試みることにした」(1)。ベイリーはこうも書いている。「村々で多くのいかがわしいお祭り騒ぎを見た私は以下のように断定せざるをえない――『田舎者は都会人より純朴である』というのは間違いである」(2)

こうしたトウモロコシの皮むき会は元々アメリカ先住民の間で行なわれていたものであり、「赤い穂が見つかったときは、キス以上の行動が求められるところもあったようだ」と、ステーヴリーとフィッツジェラルドはアメリカ建国時の食品に関する著書の中で書いている。(3)

◉ヘイスティ・プディング

ベイリーは皮むき会の夕食にどんな料理が出たかは書いていない。しかし、民俗学者ドン・ユッダーの著書『ペンシルベニア人はそれをマッシュと呼んだ *Pennsylvanians Called It Mush*』によると、普段の夕食や何らかの寄り合いでは、シンプルなポリッジが一般的だったようだ。(4) このコーンミールを湯で煮たものを、ニューヨーク人は「サポーン」と呼び、ニューイングランド人は「ヘイスティ・プディング」と呼んだ。

ユッダーによると、コーンミール料理にはマッシュという言葉がついているものがあるが、これはコーンミールを湯で煮たものだ。「マッシュケーキ」は衣をつけてグリドルで焼いた一種のパンケーキで、「マッシュブレッド」はコーンミールに牛乳と卵、バターを加えて焼いたもの。「マッシュ・アンド・ミルク」あるいは「マッシュ・スープ」は夕食に粥を食べる一般的な方法だ。朝には「プラグ・マッシュ」と呼ばれた料理を食べた。食事をする人はボウルに小さな四角に切った冷たいマッシュをいっぱい入れ、そこへ熱い牛乳を注ぐ。

風習や個人的習慣により、マッシュの味つけや食べ方の「正しい」方法は異なる。多くの人はバターと一緒に湯で煮て食べた。ボウルの中に牛乳と一緒に入れ、砂糖で甘みをつけて食べる人もいたが、これはぜいたくだと言う人もいる。多くの場合、マッシュは大きな器に入れ、杓子をつけてテーブルに置かれた。食事をする人は自分でポリッジをよそって皿に入れ、ブラウンシュガーを加えてフライドポテトと一緒に食べた。あるいは、杓子で1杯マッシュをすくい、牛乳が入った小さなボウルに入れた。だが、大きな器からマッシュを1かたまり取り分け、冷たい牛乳――塩で味つけする場合もある――を入れたボウルに一度にスプーン1杯ずつ入れて食べる人もいる。こうすれば牛乳は冷たいまま保たれる。夕食で残ったマッシュは4分の1インチ（約6ミリ）ほどの厚さにスライスし、油で揚げて翌日糖蜜かメープルシロップ、ハチミツ、ゼリー、アップルバターをかけて食べる。とくに肌寒い9月から4月までの「マッシュの季節」には、夕食は熱いマッシュと冷たい牛乳、朝食は冷たいマッシュと熱い牛乳の組み合わせになることが多かった。

「ヘイスティ・プディングを食べる」ジョエル・バーロウの詩「ヘイスティ・プディング」の挿絵。ハーパーズ・マンスリー・マガジン。1856年。

「スティアボウト（stirabout）」はマッシュと同じ意味だ。ポリッジは煮ている間、かき混ぜつづけなければならないからだ。けれども、「ヘイスティ（急ぎの）・プディング」という名前がついているくらいだから、すぐにできあがる。リディア・マリア・チャイルドはその著書『アメリカの質素な主婦 *American Frugal Housewife*』（1835年）で、主婦に作り方を指示している。コーンミールをふるいにかけ、スプーン5〜6杯分を冷たい水を入れたボウルに入れてかき混ぜ、混ぜたものを熱い湯の入った鍋に注ぎこむ。マッシュにとろみがついたら塩を加え、さらに粗挽き粉を少しずつ振り入れ、「つねに全体をかき混ぜつづけ、時々ぐつぐつ沸騰させること。かき混ぜにくくなるほどとろみがついたらほぼ完成です。だいたい半時間ほどかかります」[5]。別の料理本では、2〜3時間煮るよう勧めている。長く煮れば煮るほどポリッジは水分を多く吸収するので、口当たりがなめらかになるからだ。さらに、かき混ぜる回数が増えるとデンプンが糊化《こか》する。当時の評論家によると、正しく調理されたマッシュとは、「急いで、あまりかき混ぜずに作った、ほとんど生のような」ものではなく、「長い時間よく煮て、塩味をほどよくつけたもの」ということだ[6]。

ベンジャミン・フランクリンは、「ヘイスティ・プディング」は牛乳と一緒に、またはバターと砂糖と一緒に食べると、「イタリア人が『ポレンタ』と呼ぶ料理によく似ている」と書いている[7]。アメリカのマッシュと同じように、ポレンタを冷やしてスライスしたものをきつね色になるまで油で揚げると、クロスティーニ・ポレンタあるいはポレンタ・フリッタと呼ばれる料理になる。これは前述したルーマニアのコーンミールのマッシュ、あるいはウガリやサザと呼ばれるアフリカの料理にも似ている。また、南アフリカのミエリエパップとも似ているが、食感は異なる。

スラップ・パップと呼ばれるやわらかいポリッジは、なめらかなトウモロコシのマッシュだが、スティウェ・パップと呼ばれるポリッジは非常に粘り気が強く、手でつかめるほどだ。クランメルパップは水気が少なく、ボロボロした食感だ。ナイジェリア人はオカムまたはオギと呼ばれる、アメリカのマッシュと似た食感の料理を作るが、ケニア人はシマあるいはセンベと呼ばれる料理を作り、これはパン生地のようなかたさをもつ。

●サンプ

サンプまたはナサンプは、アメリカ先住民からはタックフムン（tackhummn）、ロッカホミニエ（rockahominie）、サガミテ（sagamite）とも呼ばれ、マッシュと似ているが粒の粗いホミニーから作り、ポリッジのように煮て食べるところが異なる。マサチューセッツ港湾植民地初代知事のジョン・ウィンスロップは、牛乳かバターを加えたら――砂糖は入れても入れなくてもよい――「非常に口当たりが良い。健康に良い食べもので、消化も良く、洗腸効果もあり、体内にたまる性質のものではない」と書いている。つまり、消化不良も便秘も引き起こさないということだ。(8)

ウムンクショーはサンプと豆を煮た南アフリカの料理で、ネルソン・マンデラ元大統領の好物だったと言われている。作り方は、サンプ（ホミニーを砕いたもの）と黒目豆（ササゲ）を、水を入れた鍋でやわらかくなるまで3～4時間（ひと晩水に浸したものは2時間）煮こみ、塩、油、香辛料（カレー粉、粉末トウガラシ、ガーリックなど）、固形ブイヨン、野菜（タマネギ、ジャガイモ、トマト）を加える。好みでラム肉などを入れてもよい。ブラーイと呼ばれる友人同士や家族で食べるバーベキューなど、形式ばらない集まりに持参する副菜にも向いている。

「ホミニー」という名はアメリカ先住民の言葉に由来し、バージニア・アルゴンキン族の「ホーメン」（homen）がもとになっている可能性が高い。トウモロコシの穀粒を消石灰か弱アルカリ溶液に浸すと（このプロセスをニシュタマリゼーションと呼ぶ）、種皮が取れ、胚の細胞壁が溶け、デンプン質が膨張する。トウモロコシを粗く挽いたものをグリッツと呼び、これを使って濃い粥を作る（粥にしたものもグリッツと呼ばれる）。アメリカで販売されているグリッツの4分の3は、バージニア州からテキサス州におよぶ「グリッツ・ベルト」に住む南部人が購入する。代表的な料理法は、熱湯5に対しグリッツ1を加え、鍋にくっついたりダマができたりしないように、時々かき混ぜながら30〜40分煮る。グリッツは塩やコショウ、バターをかけて、朝食の副菜として食べることが多い。すりおろしたチーズやレッドアイ・グレイビーをかけて、あるいはバターと砂糖で甘辛く味つけして供されることもある。

アルカリ処理したホミニーを挽いて粉末にしたものも、マサ・デ・メイズ（トウモロコシで作る生地）の材料になる。生のマサを乾燥させて粉末にしたものをマサセカ、あるいはマサハリナと呼ぶ。これに水を加えてもどしたものは、コーン・トルティーヤ、タマリ、ププサなど、多くの中南米の料理に使われる。また、トルティーヤからはタコス、トスタータ、フラウタス、エンチラーダ、

トルティーヤを作る。メキシコ、チアパス州、サン・クリストバル・デ・ラス・カサス。2014年。

トウモロコシの穂、そばにコーン・トルティーヤとタマリが並ぶ。

ケサディーヤ、チラキレス、それにトルティーヤ・スープやアトーレと呼ばれる飲みものが作られる。

●タマリ

アメリカの町では、屋台の行商人がタマリを呼び売りし、女たちは器に入れたタマリを車のトランクに詰め、沿道で通行人に売る。主婦たちは何十個も作って親戚へ配ったり、近所の人に売ったりする。クリスマスの2〜3週間前になると、メキシコ人の親戚、友人、職場の同僚までも集まってきて、みんなでタマリを作るウナ・タマラーダと呼ばれる伝統的なホリデーイベントが開かれる。タマリは中南米全域で一般的な料理だが、アメリカで最もよく知られているのはメキシコのものだ。

家庭でタマリを作るのは大仕事だ。マサを混ぜ合わせ、豚肉、牛肉、鶏肉をやわらかくなるまで煮て、肉を細かく切り、あらかじめ調理して併せておいたチリソースなどの香味料と混ぜる。1時間ほど水に浸しておいたトウモロコシの苞葉を洗って切りそろえ、何枚か重ねた葉の上にマサを広げ、その上に肉の具をスプーンですくって載せる。そしてひとつずつ包んでひもで縛り、約1時間蒸す。まさに、大勢で作る料理だ。

ミシシッピ・デルタの住人が作るタマリはまた少し違う。石灰処理したコーンフラワーの生地ではなく、コーンミールを使うことが多い。メキシコの一般的なものより細くて長く、トウモロコシの皮ではなく、ホイルか羊皮紙で包む。赤トウガラシで風味をつけた辛いスープで煮るので赤い色

タマル・ポロ・コン・モレ・ネグロ（マサとブラックソースのチキンタマリ。バナナの葉で包んである）

がつき、しばしば「レッドホット・タマリ」と呼ばれる。デルタ地帯のタマリは、黒人移住者とともにセントルイスやシカゴに伝わった。風の街［Windy City シカゴの愛称］でタマリを売り歩く行商人は「モリーマン」と呼ばれた。20世紀初めから、「ザ・ホット・タマリ・マン」「ヒア・カムズ・ザ・ホット・タマリ・マン」「ホット・タマリ・ベイビー」、それにロバート・ジョンソンのラグタイム・ブルース「ゼア・レッド・ホット」など、この食べものを称える多くの歌が生まれた。

メキシコのオアハカでも、一味違ったタマリが生まれた。絹のようにすべすべしたマサの中に「モレ」と呼ばれる少しピリッとした濃いソースに浸した肉のぶつ切りが入っていて、バナナの葉で包んで蒸す。オアハカのモレは7種類あり、それぞれトウガラシ、ハーブ、シード、ナッツが複雑に混ざり合っている。アマリロはクローブ、クミン、トウガラシで風味づけがしである。コロラディトは赤レンガ色で、表現しがたい辛みと、舌がピリッとするような若干の甘みがある。ベルデ、またはグリーンモレと呼ばれるものは、青トウガラシとイエルバ・サンタ（聖なるハーブ）、エパソーテなどのハーブが入っている。オアハカ風ネグロモレのチキンタマリは、濃いブラックモレに浸けたぶつ切りにしたチキンを、大きなトウモロコシ生地で包んだものだ。

ソースはなんと20以上の材料からできている。乾燥アンチョ（マイルドなトウガラシ）、ワヒーヨ（ミソラルというマイルドなトウガラシを乾燥させたもの）、チポトレペッパー、チキンスープ、トマト、トマティーヨ、タマネギ、ニンニク、乾燥タイム、オールスパイスの実、クローブ、シナモン、ピーナッツ、砂糖、ダークチョコなどで、これらを挽いたり、煮たり、混ぜ合わせたりして濃いペーストを作る。ブラックモレのチキンタマリは、芳醇なジャコウの香りがする。あぶったトウガラシ、エキゾチックなスパイスやチョコレートがアクセントになり、ぶつ切りにした肉とやわらかくてやや甘みのあるタマリの風味を引き立てる。

◉ププサ

ププサはエルサルバドル人によってアメリカへ持ちこまれた。サンプやメキシコのタマリと同様、この食品も石灰処理したコーンフラワーを使う。ププサは丸くまとめた生地を円盤形に伸ばし、比較的少量の具を入れる。そして生地をもう一度丸めてから平たくし、油をハケで塗り、鋳鉄製のフライパンかコマル（トルティーヤを焼いたり、香辛料をあぶったり、肉に焼きめをつけたりするのに使われる平らなグリドル）で2〜3分焼く。具にはケシージョと呼ばれるやわらかいチーズ、豚の皮をカリカリになるまで油で揚げたもの（チチャロン）、インゲン豆を煮てからさらに炒めたもの（フリホレス・レフリトス）、ロロコチーズ（ロロコは森林のようなすっぱい味がする、中央アメリカのつる植物のつぼみで、冷凍や瓶詰めがアメリカで入手できる）などがある。メキシコのゴルディータ（「おデブちゃん」の意）はププサに似ているが、もっと具がたくさん入る。

２００５年、ププサはエルサルバドルの国民食に認定された。国が定めた「ププサの日」は毎年11月の第２日曜日だ。２００７年の品評会では、参加者が世界一大きなププサ作りを試みた。直径３・15メートルのププサは５０００人分に相当し、材料として２００ポンド（90・７キロ）のマサ、40ポンド（18・１キロ）のチーズ、40ポンド（18・１キロ）のチチャロンが使われた。なおこの記録は、２０１２年に直径４・27メートルのププサに破られた。

●コーンブレッド、ポーン、フリッター

歌詞にコーンブレッドが入っている歌は、称賛しているものも非難しているものも含めて、何十曲もある。タイトルにコーンブレッドを入れたものも、単なる「コーンブレッド」から、「ギブ・ヒム・コーンブレッド」「ビーンズ・アンド・コーンブレッド」「カラードグリーン・コーンブレッド」「コーンブレッド、ミート・アンド・ブラック・モラスィズ」まである。最後に挙げた歌は、農場刑務所の囚人が過酷な労働の詳細を歌った黒人労働歌だ。最も人気があるのは「コーンブレッ

ド、モラスィズ、アンド・ササフラスティー」で、おそらく19世紀半ばに顔を黒く縫ったミンストレル芸人［顔を黒く塗って黒人のまねをする白人の芸人］が歌った、ホーケーキ、ホミニー、ササフラス茶が出てくる歌に起源があると思われる。のちのバージョンでは、アーカンソーの男とは結婚するな、「結婚するならテネシー出身の、コーンブレッド、モラスィズ、ササフラスティーを飲食する男」にしろと警告する歌詞になっている。

コーンブレッドはしばしば南部と関連づけられるが、北部でもよく知られている。だが、ふたつの地域のコーンブレッドは異なるものだ。典型的な北部のコーンブレッドは南部のものより甘い。よりケーキに近く、イエローコーンミールを使うのが一般的だ。南部のものは通常はホワイトコーンミールとバターミルクで作り、甘みはなく、いくらか塩気はあるが淡泊な味がする。ポークリンズを加えてクラックリンブレッドを作ることもある。南部人はコーンブレッドを、バーベキュー、チリコンカーン、あるいは単に豆を煮たものと一緒に食べることが多い。クリーム状のトウモロコシとハラペーニョペッパーを入れ、細切りチーズをトッピングしたボリューミーなコーンブレッドは、テキサス人自慢の食べものだ。

コーンポーンは、コーンブレッドの一種だ。昔から南部料理の定番で、ホワイトコーンミール、塩、油、水を混ぜたものにラードを加えて作る。だが、現代のレシピでは水の代わりに牛乳またはバターミルクを使い、動物性脂肪の代わりに植物油を使う。ニューイングランドのジョニーケーキも同じように作り、ホーケーキを思い出させる。

ハッシュパピー（またはコーンボール）は、コーンミールの生地を揚げるか焼くかした塩味の食べもので、副菜として供されるのが一般的だ。中は黄色か白色でもっちりしていて、外はカリッとしたきつね色だ。なぜ「ハッシュパピー」と呼ばれるかというと、一説には、猟師が外で食事をするときに、犬たちにコーンブレッドを与えて「子犬《パピー》をなだめた《ハッシュ》」からだと言われている。もうひとつの説は、この言葉の語源は南北戦争の時代にさかのぼり、南部連合の兵士が吠えている犬にパンを投げ与えて静かにさせたことに由来するというものだ。

ジャマイカでは、パンを揚げたものは「フェスティバル」と呼ばれている。ハッシュパピーより甘みが強く、コーンミール、砂糖、塩から作り、球形ではなくホットドッグロールの形にして揚げる。ポルトガルのマデイラ諸島で人気の料理はミーリョ・フリット（トウモロコシの粉を練って揚げたもの）で、イタリアのポレンタと似ている。コーンミール、ニンニクのみじん切り、チキンスープ、ケールの葉、オリーブオイル、塩、水を混ぜたものを沸騰させる。冷めてとろみがついたら四角形に切り分け、強火できつね色になるまで揚げる。インドネシア人はバクワン・ジャグンが大好きだ。これは、穂からはずした生のトウモロコシの穀粒をクリーム状にしたものに米粉、小麦粉、ネギの薄切り、セロリ、ニンニクとエシャロットのみじん切りを混ぜ、熱した油にスプーン1杯ずつ落として揚げたものだ。

◉もぎたてのトウモロコシを使った料理

「インディアンコーンにかぶりつくのはエレガントとは言えません」とチャールズ・デイはその著書『礼儀作法の示唆と社交界の慣習――悪い習慣を一瞥して *Hints on etiquette and the Usage of Society; with Glance at Bad Habits*』（１８４４年）で忠告している。では、穂付きトウモロコシはどうやって食べるのがいいのだろう？　デイによると、「トウモロコシの粒の部分にナイフで切れ目を入れ、皿にかき落とし、フォークで食べるのがよろしい」そうだ。「淑女はとくに、おいしいものに過敏に反応しないよう注意すべきです」と、彼は遠まわしに助言している。「その態度がお望みのロマンスに悪影響をおよぼしてはいけませんから」(9)。19世紀後半、アメリカの都市部で増加する中産階級にとって、他人に好印象を与える服装、歩き方、話し方、あるいは対応や挨拶の仕方、食事の作法はとても気になるところだった。いくつものエチケット本が人気となり、デイの著書もそのひとつだった。

ゆでトウモロコシ、焼きトウモロコシは、アメリカ合衆国、カナダ、バルカン半島、それに南アメリカ、アフリカ、アジアの一部の地域では一般的な料理だ。北アメリカの住民の多くは、バターをたっぷり塗ったり、塩を振りかけたりして食べる。勇敢な人は赤トウガラシやチポトレペッパーの粉末をかけることもある。インドネシアのレシピには、溶かしバター、塩、ココナッツミルク、ハチミツを混ぜた液にトウモロコシを浸けこみ、ひと晩冷蔵庫で寝かせてからバーベキュー・グリ

グリルの上の焼きトウモロコシは、メキシコの屋台商人が作るものとは同じようなものだ。メキシコの屋台商人は、トウモロコシにクリーム、マヨネーズ、コティハチーズをたっぷり塗る。

ルで焼く――時々ひっくり返し、さらに液をかけながら10～15分焼く――というものがある。

日本では、夏の間やお祭りのお楽しみに、穂付きトウモロコシをしょうゆ、みりん、砂糖を混ぜたものを塗りながら焼く。アフリカのフランス語圏では、露天商人が焼きトウモロコシを売り歩く。穂付き焼きトウモロコシの上には赤トウガラシの粉末、塩、レモン汁がふりかけてある。メキシコの露天商人がつくるエロテス・ロコス（elotes locos）――頭がおかしくなる（ほどおいしい）トウモロコシ――は大胆な料理だ。トウモロコシの穂《すい》軸《じく》の底に皮を折り曲げてハンドルのように形作り、穂にマヨネーズとクリームをたっぷり塗って、コティハチーズ（削って粉チーズのように使う塩味のチーズ）の中に転がし、最後にチリパウダーを振りかけてグリルで焼く。

穂軸からはずした生の穀粒を使う料理も多い。

そのひとつに、コロンビアやベネズエラのアレパがある。これはコーンミールかコーンフラワーの無醗酵のパテを直径8～12センチの平らな円形に伸ばし、蒸すか、直火で焼くか、揚げるか、オーブンで焼くか、ゆでるかしたものだ。メキシコのゴルディータやエルサルバドルのププサと同様、具を詰めたり、チーズ、卵、肉、魚を載せたりすることもある。小さなパンケーキのような形と大きさなので、サンドイッチ作りに使うこともある。

アレパ・カティラは黄色いチーズと細切りにした鶏肉を挟み、アレパ・ヴィウダ（「未亡人のアレパ」の意）は中に何も入れずにスープと一緒に食べる。アレパ・ルンベラ（「パーティーのアレパ」の意）には豚肉が入っている。世界一大きなアレパは２０１１年にカラカスで作られた。ベネズエラ初のコーンフラワーの商標であるアリナ・パン（PAN は Producto Alimenticio Nacional「国家食品」の頭文字）の15周年を祝うために作られたもので、重さは４９３キロだった。

チリ人の好物はパステル・デ・チョクロ（トウモロコシのパイ）だ。おそらくペルーかボリビア、またはアルゼンチンに起源をもつと考えられる。20世紀になってチリに広まり、１９２７年度の『コングレッショナル・クラブの料理本――国内外のお気に入りのレシピ Congressional Club Cook Book:Favorite National and International Recipes』にも、サンチャゴのアメリカ大使館からの投稿として掲載された［コングレッショナル・クラブとは、アメリカ議会の上院・下院議員の家族で構成されたクラブ］。この料理は近所のカフェや労働者の食堂で提供されたり、独立記念日の祝賀行事の期間に販売されたり、祭りや結婚式にも出されたりする。

チリのパステル・デ・チョクロ（トウモロコシのパイ）は、鶏もも肉をいちばん下に入れ、その上にオリーブとレーズン、味つけをして炒めたひき肉、さらに輪切りのゆで卵を重ね、一番上にトウモロコシのピュレをかけ、最後に焦げ目をつけるために砂糖を振りかける。

材料は、牛ひき肉や鶏肉、タマネギ、ニンニク、クミン、オリーブ、レーズン、輪切りにしたゆで卵、牛乳、塩、コショウだ。そして、もぎたてのフィールドコーン——スイートコーンよりデンプン質が多い——をつぶしたものに牛乳少々を混ぜて、ピュレ状にしておく。あらかじめ煮ておいた鶏肉をいちばん下に入れ、その上にオリーブとレーズン、またその上に炒めた肉と薬味、さらに輪切りのゆで卵を重ねる。一番上にトウモロコシのピュレをかけ、最後に焦げ目をつけるために砂糖を振りかけてからオーブンで焼く。材料を重ねることによって、それぞれの層の見た目、食感、味を楽しめる。

もぎたてのコーンを使ったスープも多い。卵の白身とカニまたはカニ肉に似せた加工食品を使ったコーンクラブスープは、中華料理のひとつだ。フィリピン人はこれをソパンマイス（コーンスープ）と呼ぶ。キューバのギソ（シチュー）は穂付きトウモロコシが入った肉と野菜の料理で、メキシコやコロンビアなど他の国でも人気がある。日本のコーンポタージュは、チキンスープ、牛乳、タマネギのざく切りに生のトウモロコシの穀粒を加え、小麦粉でとろみをつけたものだ。

もぎたてのトウモロコシ、コーンフラワー、コーンミールはデザートにも登場する。アメリア・シモンズの『アメリカの料理 *American Cookery*』（1798年）は、アメリカ独立後にアメリカ人が書いて最初に広く読まれた料理本だが、これに「おいしい先住民のプディング」のレシピが載っている。シモンズによると、この料理には「細かいインディアンミール」（コーンフラワー）と沸騰直前まで熱くした牛乳の他に、卵7個、レーズン230グラム、バター110グラム、香辛料と砂糖を使うが、これらの材料のほとんどは当時の入植者にとってはすぐ手に入るものではなかった[10]。30年後に出た別の料理本には「絶品で安上がりのプディング」の作り方が出ているが、それはトウモロコシの穀粒、コーンミール、卵、牛乳、バターを混ぜ合わせ、グリドルで焼いたものをバターと糖蜜をかけて食べるというものだ。現代のレシピでは、もぎたてのトウモロコシの穀粒、卵黄を溶いたもの、牛乳、砂糖の中に泡立てた卵白を混ぜ、油を塗ったキャセロールに入れて焼く。

夏のフィリピンで好まれるデザートはマイス・コン・イエロ（トウモロコシが入ったかき氷）だ。甘く煮た豆、ゼリー、数種類のフルーツが入ったハロハロというデザートとよく似ているが、ハロハロほど豪華ではない。こちらはトウモロコシの粒、砂糖、牛乳、かき氷を混ぜたものだ。バニラアイスを加えたものや、ジャックフルーツ（パラミツ）のシロップ漬けをトッピングしたものもある。ジャックフルーツは、粘り気のある繊維質の多い果物で、甘くフルーティーな匂いがする。これはバングラデシュの国の果物《ナショナルフルーツ》になっていて、生のまま、あるいはカレーに入れて食される。

◉フレーク、チップ、ナッツ

ジョン・ハーベイ・ケロッグ博士はコーンフレークの生みの親だ。博士は1894年、ミシガン州バトルクリークの療養所で、患者のための健康食品としてコーンフレークを考案し、バトルクリークは一時「世界のシリアルの中心地」と呼ばれた。このセブンスデー・アドベンチスト教会の保養地で、博士は健康食として全粒粉、食物繊維を豊富に含む食品、ナッツ類の摂取を勧め、頻繁に浣腸を行なうことを力説した。アルコール、タバコ、カフェイン、香辛料は性欲を増進するという理由で禁止した。トウモロコシをフレーク状にして焼いたこの製品は、栄養価が高いだけでなく、マスターベーションを抑制する手段としても有効だと考えられた。マスターベーションは精神疾患と肉体的衰弱、目のかすみ、モラルの低下を引き起こすと博士は信じていた。ところが、元患者であるC・W・ポストがライバル会社を立ち上げ、ポスト・トースティーズという製品の販売を開始した。ほどなく他にもいくつかのブランドが追随した。

コーンフレークは朝食用食品と考えられていたが、現代では夕食に食べる人もいる（とくに大学生に多い）。また、砕いたものをパン粉代わりに、あるいはパン粉に加えて料理に使うこともある。

オーストラリアではハニージョイという料理が人気だ。コーンフレークとハチミツ、砂糖、バターかマーガリンを混ぜたものを「パティ・パン」と呼ばれる紙のマフィン型に入れてオーブンで焼く。これのイギリスバージョンとして、チョコレート・コーンフレークケーキがある。これはダークチョコとバター、糖蜜、それにもちろんコーンフレークを混ぜて作る。

小さなスコップのような独特の形に加工されたコーンチップは、石灰処理が施されていないコーンミールから作る。それに対し、トルティーヤチップはニシュタマリゼーションを経たもので、黄色、白、赤、青のトウモロコシに植物油、塩、水を加えたコーン・トルティーヤを、くし形にカットしてから油で揚げるか、焼くかしたスナックだ。三角形のトルティーヤチップは、レベッカ・ウェッブ・カランサとその夫（メキシコ料理のデリカテッセンとトルティーヤ工場の経営者）が、形がゆがんだトルティーヤの利用法として考え出したものだ。

１９４０年代後半、レベッカは家族パーティーのために、廃棄処分になったトルティーヤを三角形に切り、油で揚げてみた。これが、ヒット商品が誕生した瞬間である。彼女はそれを1袋10セントで売ることにした。トルティーヤチップがデリカテッセンのメニューに載ると、コメディアンのエディ〝ロチェスター〟アンダーソンがよく買いに来てくれた。１９６０年代にはトート・チップという名前に改められ、西海岸のいたるところで販売されるようになった。１９９４年と95年には、カランサはメキシコ食品業界への貢献が評価され、ゴールデン・トルティーヤ賞受賞者の20名に選ばれている（この賞が授与されたのはこの2年だけ）。カランサは２００６年に98歳で亡くなった。

ナチョはトルティーヤチップを使った、もう少し手の込んだ料理だ。「ナチョ」はこの料理の生みの親、イグナシオ・アナヤのニックネームで、材料はトルティーヤチップとチーズ、ハラペーニョペッパーだが、肉、サルサ、リフライドビーン（煮た豆をつぶして味をつけて揚げたもの）、サワークリーム、グワカモレ（アボカドのディップ）、タマネギ、オリーブが入ることもある。

一般に流通している話はこうだ。1943年にテキサス州イーグルパス近くのフォート・ダンカンに駐在していたアメリカ軍兵士の妻たちは、ときおり国境を越えてメキシコのピエドラスネグラスへ買い物に出かけていた。ある日、閉店後のレストランに着き、何か食べるものがほしいと訴えた。給仕長のイグナシオ・アナヤはシェフの帽子をかぶると、キッチンにあったわずかの食材で手早くスナックを作った。何枚かのトルティーヤを手にすると三角形に切って油で揚げ、細くきざんだチェダーチーズとハラペーニョを加えたのだ。料理の名前を尋ねられたアナヤは、「ナチョの特製料理だよ」と答えたという。

1975年にアナヤが亡くなると、10月21日は国際ナチョ・デーに制定された。毎年10月中旬にはピエドラスネグラスでフェスティバルが開催され、世界最大のナチョのコンテストが行なわれる。最も大きなナチョの記録は、2012年にカンザス州ローレンスのカンザス大学で作られた。重さ2127キロのナチョの材料は、食品会社リコズ・プロダクツ社のコーンチップ、ひき肉、タマネギのみじん切り、ブラックビーンで、それにハラペーニョの汁、ナチョチーズ、作りたてのピコ・デ・ガヨのサルサ［トマト、タマネギ、トウガラシで作るソース］を混ぜたものだった。

ここまで、よく知られていてしかも商業的に成功している食品について述べてきたが、コーンナッツにも言及しておきたい。ペルーとコロンビアで売られている「カンチャ」は油で揚げたスナック菓子であり、3日間水に浸けておいたトウモロコシの穀粒を、カリッとかみ砕けるようになるまで油で揚げたものだ。水に浸けるのは、収穫後に縮んだ穀粒に水分を補給することで元のサイズに戻すためである。使うのはポップコーンではなく、白い大きな、かたくて平べったいトウモロコシの穀粒で、揚げてもさほど甘くならない。アメリカ合衆国のラテン系食料品店では、「メイズ・モテ・ペラド」という商品名で売られている。

1936年にアメリカでコーンナッツを発案したのは、カリフォルニア州オークランドのアルバート・ホロウェイだ。彼と息子は、ペルーのクスコに大きな穀粒をつけるトウモロコシがあると知り、カリフォルニアで栽培できる交配種を開発した。最初ホロウェイは、オーリンズ・ブラウン・ジャグ・トーステッド・コーンと名づけて、ビールのつまみとして酒場の経営者たちに売りこんだが、のちにコーンナッツに名前を変えた。1998年、ナビスコがこの会社を買収した。

フィリピン人も、コーニックと呼ばれる一種のコーンナッツを食べる。アメリカの品種より粒が小さく、もっとカリッとしている。アメリカでコーンナッツという商品名で販売されているものには、ランチドレッシング味（マヨネーズとサワークリームが主体となったドレッシング）、バーベキュー味、チリピカンテ・コンレモン味（トウガラシの辛みとレモンの味）、ナチョ味、激辛味などがある。フィリピンでは、アドボ味（鶏肉や豚肉を煮こんだフィリピン料理）、バーベキュー味、レチョン・マノック味（ローストチキン）も販売されている。

●トウモロコシの飲みもの

トウモロコシは食べものとしても広く親しまれているが、アジア、アフリカの一部や南北アメリカ大陸全域ではノンアルコール飲料として、ホットでもアイスでも、またビールやウイスキーに加工したものも飲まれている。韓国のトウモロコシ茶であるオクスス茶は利尿薬としても用いられているが、これはトウモロコシの穀粒を煎ったものや絹糸《けんし》を沸騰した湯に浸けたものから作られる。インドネシア人はリアウルというスイートコーンのジュースを好む。これは穂からはずした新鮮なコーンと、沸騰した湯、砂糖、甘みをつけたコンデンスミルクを混ぜて作る。栄養価の高い清涼飲料水であり、色は黄色がかっていて、表面には薄い泡の層ができる。インドネシアでは、ススジャグンというコーンミルクも最近人気が出てきた。穂からはずしたトウモロコシの穀粒と牛乳をミキサーにかけ、こしたものを鍋に入れ、シナモンスティックと塩少々を加えて15分かき混ぜる。そこへ砂糖を加え、シナモンスティックを取り出して温かいまま飲む。

多くのフィリピン人は、前述したようにマイス・コン・イエロをデザートとして楽しむ。バニラアイスクリームや凍らせた牛乳、砂糖、加熱調理したスイートコーンの穀粒が入っているからだが、スプーンやストローを添えてドリンクとして扱うこともある。1907年刊の『フィリピン委員会の報告書『*Report of the Philippine Commission*』（１９０７年）は、ビサヤ諸島で「アルコール飲料」と呼ばれている飲みものに言及している。これはトウモロコシのデンプンを醗酵させたものだと述べ、「通常は数家族が協力してこの飲みものを作り、最後はきわめて陽気に騒ぐ[11]」と書いている。

南アフリカでは一般に、低アルコールビールのウムコンボティが飲まれている。これは、トウモロコシ、砕いたトウモロコシの麦芽、挽いて粉末にしたソルガムの麦芽を醸造したもので、色は淡褐色、重くてすっぱいアロマが特徴だ。麦芽を醸造すると多量の二酸化炭素が発生するので、醸造酒の出来具合を調べるときは、樽の中で泡立っている表面近くでマッチを擦ってみる。マッチがすぐに消えたらビールは飲みごろだ。

中南米諸国には、さまざまなチチャやアトール（アトーレまたはアトーレ・デ・エロテとも呼ばれる）、それ以外にもいくつかトウモロコシを使った飲みものがある。アトーレはメキシコに起源をもち、トウモロコシとマサをベースにした、泡の立った温かい飲みものだ。ホミニーの粉をコマル（陶製の大皿）かフライパンで加熱し、シナモンスティックを入れて沸騰させた湯を加えて作る。ピロンシージョ（トウモロコシから作る未精製の砂糖で、トウモロコシの形に黒糖をかためたもの）、バニラ、お好みでチョコレートも入れて甘みをつけることもある。エルサルバドル人はさらに色の黒いバージョンであるエル・アトール・シュコ、または〝汚れた《ダーティ》〟アトールを作る。ニューメキシコ州では、牛乳で薄めた温かくて甘い、青いトウモロコシのアトールが飲まれている。メキシコ人が誇る温かい飲みもの、チョコレートが入った濃いアトールはチャンプラードと呼ばれる。これは石灰処理を施したトウモロコシのマサ生地あるいはマサハリナ（乾燥させたマサ生地）を使って作る。

チチャにはさまざまなバージョンがあり、中南米のいたるところに熱狂的なファンがいる。冷たくして飲むことが多いチチャ・モラダは、健康的な清涼飲料水だ。使用するトウモロコシのせいで紫がかった色をしており、トウモロコシはパイナップルやオレンジの皮、シナモン、クローブと一緒にゆでる。バナナ、バニラまたはイチゴ、砂糖とレモンを加えることもある。アピ・モラドと呼ばれるボリビアのチチャは、朝食にペストリーとともにホットで飲むことが多い。アピ・ブランコは紫色ではなく白色をしている。

●チチャ・デ・ホラ

チチャ・デ・ホラと呼ばれるビールが一般大衆だけでなく研究者からもかなり注目されてきたのは、おそらく醱酵のさせ方のためだろう。その方法を知ったら、これを飲むことに嫌悪感、少なくとも胃のむかつきを感じる人もいるはずだ。このビールは、伝統的に唾液を混ぜて作られるのだ。

チチャ・デ・ホラは「ホラ」と呼ばれる、アンデスの特殊な黄色いトウモロコシから作るが、もともとは紫色のトウモロコシだった可能性がある。インカではこのビールはさまざまな儀式に使われ、宗教的祝祭では大量に飲む習わしとなっていた。現代では、多くの人々が無許可の商売（チセリアス）としてこの飲みものを自宅で売っている。地元民はこれを買うと、まずは泡立った表面部

トウモロコシから作るアルコール飲料、チチャを売るペルー人の男性の絵葉書。20世紀初頭。

分を地面にこぼし、母なる大地と乾杯をする。チチャ・デ・ホラを製造するには、トウモロコシの麦汁を沸騰させ、冷えたら「酵母」を加えて陶器の容器に入れて醱酵させる。通常はその容器から直接すくって販売する。何を「酵母」とするかはさておき、先住民が作る伝統的なチチャ・デ・ホラの製造法は、このように基本的には普通のビールと同じである。

16世紀中頃、ジロラモ・ベンゾーニは15年かけて西インド諸島、中央アメリカ、南アメリカを広範囲に旅した。1565年、『新世界史 *Historia del Monde Nuovo*』を出版し、新世界での体験を記述している。300年後、アメリカ合衆国国務長官はドミニカ共和国へ、併合の可能性を調べるために使者を送った。サミュエル・ハザードも派遣団の一員だった。
1873年、彼はドミニカ共和国を旅してまわった体験に英国図書館での研究を加えて、『サントドミンゴ、過去と現在、ハイチを一瞥して *Santo Domingo, Past and Present, with a Glance at Hayti*』を出版した。ハザードは、先住民がインディアンコーンから作る「ワイン」に関するベンゾーニの記述にも言及し、「新参者としては、その飲みものを味わう気にはなれない」と述べている。ベンゾーニはこんなことを書いているからだ。

製造のある時点で、女性はトウモロコシを口に入れるとゆっくりと噛み、それから無理に咳をして、皿代わりの葉の上に吐き出した。そして他の材料と一緒に瓶《かめ》に放りこみ、ぐつぐつ煮た。

ハザードはベンゾーニの著書から版画を転載している。前面に草の上に座った女性が描かれ、小さな器に液体のようなものを吐き出している。その後ろでふたりの先住民が食物のかたまりを漉し、もうひとりが火にかけた陶器の器の中身をかき混ぜている。ハザードは、同じ方法は「今日太平洋上のいくつかの島でも広く行なわれている」(12)と付け加えている。この方法は、ペルーをはじめとする中南米の国々でも行なわれていたし、現在もいくつかの農村地域で行なわれている。
プチアリン酵素を含む唾液は、トウモロコシのデンプンを糖質に転換するプロセスの開始を助ける働きをし、それによって醱酵が促進され、アルコール度が上がる。また、ビールを長時間沸騰させるのは、唾液中の細菌を死滅させて殺菌するためである。ドゥッチオ・ボナビア著『トウモロコシ *Maize*』（２０１３年）によると、アンデス山脈の住民にとってチチャ・デ・ホラは日常的な飲みものだっただけでなく、儀式の踊りをともなう式典に欠かせないものだったようだ[13]。

彼は数日間観察を続けたが、参加者はみな酔いつぶれるまでチチャを飲んだ。酔っ払うことは宗教的行動と考えられていたのである。チチャは儀式だけでなく、政治的あるいは経済的にも利用されていた。ペルーの沿岸地帯では、インカの支配者は臣下たちに酒を与えることで威信を獲得した。旅の間、支配者の側近はチチャが入った水筒を通行人たちに提供した。また、饗宴ではもてなしの気持ちを表す欠かせないものとして、出席者にチチャを分け与えた。地元民も心得ており、チチャの分け前にあずからないうちは土地を耕そうとしなかった。

デラウェア州リホボスビーチにあるドッグフィッシュヘッド醸造所の創立者サム・カラジョンは、風変わりな醸造酒を好む傾向がある。２００９年夏、彼は歴史家、考古学者、醸造家たちを誘い、ビール醸造の第一段階として、挽き臼で挽いてから乾燥させた紫色のトウモロコシを噛むというペルーの伝統的な手法を試みようとした。ふたりの学者とジャーナリストのジョイス・ワドラーだけがカラジョンの誘いに乗り、ワドラーはニューヨークタイムズ紙に、この実験に関する記事を書いた。彼らは醸造所の、９キロのトウモロコシの穀粒を入れた容器の隣に、漬物用の樽をひっくり返して座った。ワドラーによると、トウモロコシを噛むのは生のオートミールを噛むようなものだったそうだ。

2時間経っても、唾液にまみれたトウモロコシはわずか400グラムにしかならなかった。あごを酷使するこの作業は大変な労働力を要し、ふたりの学者はすぐに音を上げてしまった。カラジョンの手と口は紫色に染まった。さらに数時間噛みつづけ、ふたり合わせてやっと3・2キロ分の材料ができた。乾燥した粗挽き粉に口内の水分をもっていかれたせいで、話そうと思ってもうまく発音できない。カラジョンは口をもつれさせながら言った。「もう限界らって言ってもいいらろう？へっへっ」。ついにカラジョンは終了を告げ、立ち上がって言った。「この部屋にいるすべての人に、舌をからめてキスしたい(14)」。

◉バーボン・ウイスキー

カラジョンは風変わりなビールを造るのを好むことで知られているが、歌手のフランク・シナトラはウイスキーを好んだことで人々の記憶に残っている。コメディアンのジャッキー・グリーソンにトウモロコシから造った酒を紹介されて以来、ジャックダニエルはステージ上でも舞台を降りてからも、つねにこの名歌手のかたわらにあった。シナトラはこれを「神々の霊酒」と呼んだ。あるジャーナリストは「夜をやり過ごすためなら何でも使えばいい。お祈りでも、精神安定剤でも、ジャックダニエルでも」というシナトラの言葉を引用している。1998年にシナトラが亡くなると、大好物のウイスキーとともに埋葬された。家族がジャックダニエルの瓶をシナトラの上着のポケットに忍ばせたのである。ジャックダニエル社はシナトラに敬意を表してプレミアムウイスキー

ジム・ビーム蒸溜所のマスター・ディスティラー、T・ジェレマイア・ビーム（1899〜1977）の彫像。一日の終わりにブランデーグラス１杯のバーボンを楽しんでいる。ケンタッキー州ロレット、2008年。

を製造し、シナトラ・セレクトと名づけた。

　これ以外にも、アメリカのウイスキーではジム・ビーム、エヴァン・ウィリアムズ、メーカーズマーク、ウッドフォード、アーリータイムズなどが有名だ。しかしながら、ジャックダニエルは映画や歌など大衆文化の制作においても、際だって重要な役割を果たしている。1978年の映画『アニマル・ハウス』では、ジョン〝ブルート〟ブルータスキー（ジョン・ベルーシ）がジャックダニエルのOld No.7一瓶を一気に飲む。『ナショナル・ランプーン／クリスマスバケーション』では、クラーク（チェビー・チェイス）が父親に、休暇は何をして過ごしたのかと尋ねると、父親は

バーボン「メーカーズマーク」のネックを熱いロウに浸け、このブランドのウイスキーに特徴的な封蠟を行なっている。ケンタッキー州ロレット。2008年。

「ジャックダニエルに大いに助けられた」と答えている。１９９５年の映画『００７ゴールデンアイ』では、ジェームズ・ボンドの上司のMが、自分とボンドにジャックダニエルの瓶からウイスキーを注ぎ、「バーボンのほうが（スコッチより）好きなの」と言う。

ディーン・マーチンは「アイ・ラブ・ベガス」で、「私はベガスを愛している。シナトラがジャックダニエルを愛したように」と歌っている。ジョージ・サラグッドの歌「アイ・ドリンク・アローン」では、「それで、相棒のジャックダニエルと、その仲間のジム・ビームを呼び寄せたんだ」と歌っている。チャーリー・ダニエルズ・バンドのアルバム『ウェイ・ダウン・ヨンダー』のジャケットに描かれているのはジャックダニエルの瓶だ。例を挙げたらきりがない。大衆文化でジャックダニエルに言及しているものは、有名なものだけでも何十もある。

「テネシー・ティー」という通称でも知られるジャックダニエルは、テネシー州ムーア郡リンチバーグで蒸溜されるが、ムーアは禁酒郡なので、法的にはこのウイスキーを販売することができない。にもかかわらず、ジャックダニエルは世界で最もよく売れているアメリカのウイスキーだ。10人きょうだいの末っ子として生まれたジャスパー・ニュートン〝ジャック〟ダニエルは、ティーンエイジャーのときに、地元の牧師で酒類密造者のダン・コールの養子になった。そしてコールから蒸溜酒製造法を学び、1875年に彼と一緒に合法的な会社を設立した。ジャック・ダニエルは1911年に敗血症のために亡くなっている。一説によると、彼は金庫の番号を忘れて怒り狂い、金庫を蹴っ飛ばしたときに足のつま先を痛めたが、そのときの傷から細菌に感染したということだ。

ジャックダニエルに使うマッシュは、トウモロコシ、ライ麦、大麦麦芽から作られる。銅製の釜で蒸溜したあと、サトウカエデの炭でろ過してから「熟成」させ、内側を焦がした新品のオーク樽に詰める。こうすることで、木に含まれるカラメル化した糖分からウイスキーの赤みがかった色、それに独特の香りとアロマが生まれるのだ。熟成させたあと、樽の多くはスコットランドへ送られ、スコッチウイスキーの熟成樽として再利用される。なお、ジャックダニエルの製法は「バーボン」を名乗る条件を満たしているが、ジャックダニエル社自身は「テネシー・ウイスキー」として売り出している。

バージニア州の入植者は、ジェームズタウンに定住して13年目になる１６２０年には、ジェームズ河畔でトウモロコシを蒸溜していた。バーボンの製造が始まったのは18世紀だ。発明者としては何人かの名前を挙げることが可能だが、初めての製造者という栄誉は、18世紀後半のバプテスト派の牧師で酒造家のエライジャ・クレイグに贈られるのが通例だ。彼は製紙工場を含めいくつかケンタッキー州初の事業を設立しており、ウイスキー蒸溜所もそのひとつだ。一説によると、納屋が火事になって貯蔵していた樽板が燃え、彼は損傷を隠すために焦げた面を内側にして樽を作ったという。また、樽を再利用しようとして、ウイスキーが残っていた跡を消すために内部を焦がしたとする説もある。

「バーボン」という名の語源は定かではない。おそらくフランスのブルボン王朝に由来していると考えられる。ケンタッキー州にはバーボン郡があり、多くの蒸溜所がここで生まれた。バーボン・ウイスキーのおもな材料はトウモロコシであり、その95パーセントはケンタッキー州で製造されている。連邦規格ではアメリカ合衆国で造られたものだけがバーボンと呼ばれる。また、このウイスキーの原料となる穀物は51パーセント以上（75パーセントを超えるものもある）がトウモロコシと定められ、アルコール度数80（アルコール含有量40パーセント）以上で瓶詰めされることと、内部を焦がした新品のオークの樽で熟成されることも条件となる。さらに、「ストレート・バーボン」を名乗るには最低２年間の熟成が必要だ。

多くの蒸溜所はバーボンを6〜8年間熟成させるが、ヘブン・ヒル・ディスティラリー社のエライジャ・クレイグ〝スモールバッチ〟や〝シングル・バレル〟の瓶詰めのように、大樽で12年、中には18年寝かせたものもある。バッファロー・トレイス・ディスティラリー社のパピー・ヴァン・ウィンクルは、かつての社長のジュリアン〝パピー〟ヴァン・ウィンクル・シニアにちなんで名づけられたもので、23年間熟成される。

ウイスキーが貯蔵される倉庫は「リックハウス」と呼ばれる。多くの場合5〜6階建てで、さまざまな微気候［地表近くのごく狭い範囲の気候。わずかな高さの違いでも気候の状態はかなり異なる］による影響を平準化させるため、樽はすべての階を順番に移動させることが肝心だ。リックハウスには独特の香りが充満している。オーク樽の気孔からウイスキーが蒸発し、その結果「エンジェルズ・シェア（天使の分け前）」と呼ばれるかぐわしい香りが生まれる。最初の1年で10〜12パーセント、その後は年に3〜4パーセントずつ蒸発していく。52ガロン（約197リットル）の樽に入ったプレミアム・バーボンは30〜40ガロンにまで減る。23年後にはウイスキーは4分の1しか残らない。

●密造酒

ジャック・ダニエルの師匠にあたるダン・コールのことを酒類密造者と書いたが、トウモロコシから作られる飲みものに関する記述を終えるにあたり、非合法な製品について述べておこうと思う。

ホワイト・ライトニング（稲光）、マウンテン・デュー（山のしずく）、フーチ（これを製造したアラスカの部族名から）、ホームブルー（自家醸造）、ロットガット（腐った内蔵）、ホワイト・ウイスキー（白いウイスキー）、スカル・クラッカー（脳天を砕くもの）、ハッピー・サリー、スタンプ（重い足取り）、コーン・リカー（トウモロコシの酒）など、密造酒の呼び名はさまざまだが、「ムーンシャイン」とは熟成していない醸造酒あるいは蒸溜酒のことで、もちろん税金など納めていない。「ムーンシャイン（月光）」という呼び名は、蒸溜器から上がる特徴的な煙から税務官などに発覚されるのを避けるため、闇夜にまぎれて製造されることに由来している。といっても、違法な蒸溜と密売の取り締まりに責任を負う米国財務省の密造監視官は、実際には糖分を加熱する際に発生する甘い匂いから蒸溜器の位置を突き止めてきた。

アメリカ連邦議会は１７９１年、独立戦争で負った借金の返済手段としてウイスキー税を導入した。これを差別的な行為と考えた多くの農民が１７９４年に抗議行動を行ない、のちにウイスキー税反乱と呼ばれるようになる。１頭の馬ではせいぜい4〜5ブッシェル（約35リットル）のトウモロコシは25・4キロの重さとなる。１ブッシェルしか運べない。農家が穀物を液体に変えようと考えたのは理にかなっているし、しかもはるかに儲かった。トウモロコシの穀粒をウイスキーに変えると、10倍も価値があるものを運べることになるのだ。

１８６２年、大統領エイブラハム・リンカーンは、南北戦争での北軍の戦費を調達するために蒸溜酒に連邦物品税を再導入したが、結果的には、とくに南部において密造酒製造に拍車をかける

コーンパイプをふかしながら密造酒の瓶を持つ農夫。L・ピューによる風刺画。1903年。

ことになった。しかし現金収入の少ない自営農家にとって、禁酒法施行の町や郡での酒類販売を禁止する法の目をかいくぐりながらウイスキーを造って販売することは、昔から何がしかの現金を稼ぐ手段だった。１９２０年にはアメリカ合衆国憲法修正第18条のもとに禁酒法が施行され、１９３３年まで続いた。その10年あまり、非合法の蒸溜酒製造所は注文をさばくためにフル稼働した。

多くの密造者が民衆の英雄になった。そのひとりがノースカロライナ州ラザフォード郡出身のアモス・オーウェンズで、有名な「チェリー・バウンス」というリキュールを開発した。これはトウモロコシのウイスキーにサクランボ、それに砂糖水またはサワーウッドの蜜を加えたものだ。もうひとりは「密造酒の女王」と呼ばれたマギー・ベイリーで、ケンタッキー州ハーラン郡では伝説的な人物である。貧しい者に食品を買い与え、何人もの子供を大学まで行かせた。大変な人気者だったため、何度起訴されても陪審員は有罪判決を出さそうとしなかった。弁護人はこのように述べている。

マギーが法廷に入ってくると、誰もが自分の祖母を思い出したことだろう。白髪頭。柄もののワンピースにエプロン。マギーがそんな服装で法廷に入ってきたのは、それが彼女のいつもの格好だからだ。(15)

マギー自身は生涯酒を飲まなかった。密造酒の販売を始めたのは17歳のときで、90歳を超えても自家製の酒を売り歩いた。そして、2005年に101歳で生涯を終えた。

「コーヒー・レース」という飲みものがある。密造酒を入れたコーヒーのことで、もしあなたが密造酒の熱狂的ファンならば、これを目覚めの一杯に飲む老人たちには親しみさえ感じるのではないだろうか。「フルーツ・リカー」という飲みものもある。半ガロン（約2リットル）の瓶に果物かベリー類、カップ1杯の砂糖、それに密造酒を入れて混ぜたものだ。それぞれの風味が溶け合うまで、数週間ほど寝かせておけばよい。ダムソンプラム、イチゴ、モモ、ブドウなどがよく使われる。密造酒は、胸の詰まりや関節炎などの症状を緩和する自家製の治療薬にも使われることがある。これらの「苦み《ビターズ》」は、密造酒とササフラスの木の皮、ワイルドチェリーの木の皮、朝鮮人参を混ぜたものだ。しつこい咳を止めるシロップは、ウイスキー、ショウガ、レモン汁、ハチミツなどから作られる。

トウモロコシの粒を噛んでビールを仕込む器に吐き出すとか、法の目をかいくぐって不法にウイスキーを蒸溜して販売するとか、本章の内容にも激しい議論の対象となるものがあったはずだが、トウモロコシをめぐる論争は他にもある。次章ではそうした問題を論じる。

第5章◉トウモロコシをめぐる論争

「セックスはすばらしい。だが新鮮なスイートコーンにはかなわない」というのは、ラジオショー「プレイリー・ホーム・コンパニオン」でホスト役を務める作家ギャリソン・キーラーのジョークだ。ただし、彼も付け加えたかもしれないが、遺伝子組み換え（ＧＭ）トウモロコシでなければの話だ。遺伝子組み換えトウモロコシは激しい議論を引き起こしてきた。トウモロコシの皮が穂を包みこむように、さまざまな議論がトウモロコシの周囲を取り巻いている。最近は、異性化糖《いせいかとう》（高果糖《こうかとう》コーンシロップ）、単一栽培、エタノール、遺伝子組み換え作物などが論点になっている。

◉異性化糖

異性化糖（ＨＦＣＳ）とはコーンスターチ等から抽出される粘度の高い甘いシロップのことで、商業的に販売が開始されたのは１９７０年代初頭だが、19世紀半ばにはすでに使用されており、グラニュー糖より扱いやすいために、現在では世界中で甘味料として使われている。とくにアメリカでは、糖類の輸入にかかる関税、国内生産物への割り当て量、トウモロコシ栽培者への政府の助成金などの関係で、甘藷糖《かんしょとう》［サトウキビから作る砂糖の総称］やテンサイ糖より安価なため広く利用されている。現在、全アメリカのトウモロコシの栽培面積は、カリフォルニア州の面積に匹敵する9700万エーカー（約3880万ヘクタール）におよんでいる。

世界保健機関は、糖類の摂取量を1日小さじ6杯（25グラム）、1日総摂取カロリーの5％以下［1日2200キロカロリーとすると110キロカロリー以下］にすると健康効果があると推奨している。しかし実際には、典型的なアメリカ人は日常的に追加甘味料を小さじ22杯分、352キロカロリーを摂取しており、その大部分は清涼飲料水や加工食品に含まれるHFCSだ（「スーパーサイズ」の炭酸飲料を飲んだりスイーツを食べたりして、より多くのカロリーを摂取している人もいる）。しかも、このカロリー計算には野菜や果物（たとえば中くらいの大きさのリンゴ1個だと95キロカロリー）あるいは牛乳（240ccのカップ1杯で146キロカロリー）がもともと含んでいる糖分は含まれていない。

比較のために挙げておくと、新鮮なスイートコーンの大きめの穂であれば、天然の糖分5グラム・約20キロカロリーを含んでいる。600cc入りのコカコーラには65グラム・240キロカロリーのHFCSが含まれ、お菓子のトゥインキーズ1箱には37グラム・240キロカロリーの砂糖またはHFCSが含まれている。さらに、人気の朝食用シリアル、キャプテンクランチではボウル1

杯分に24グラム・220キロカロリーが、175ミリリットルのカップ入りのヨープレイ・ストロベリーヨーグルト1個には27グラム・108キロカロリーの甘味料が含まれている。

人体がどのように白砂糖や異性化糖を処理するかについては、研究報告によって違いがある。白砂糖には同量のショ糖（スクロース）、果糖（フルクトース）が含まれ、異性化糖には45パーセントのショ糖と55パーセントの果糖が含まれている。砂糖と異性化糖の過剰摂取が、肥満の「蔓延《まんえん》」と糖尿病の脅威を助長していると言えるだろう。研究者の中には、人体は果糖とブドウ糖を同じ方法で代謝すると考える者もいれば、違う方法で処理すると主張する者もいる。

いくつかの研究から、ブドウ糖はすぐに代謝され、余剰分はグリコーゲンとして筋肉と肝臓に貯蔵されることがわかっている。果糖は肝臓で代謝されるが、脂肪に転換する際に調整がきかず、余剰分は血液中に放出され、心臓疾患や脳卒中のリスクを増加させる。そのうえ、果糖は空腹ホルモン（グレチン）を抑制しない。大量に消費しても満腹感は得られず、さらに食べつづけることになる。果糖は脳の活動を鈍くするという研究結果も出ている。果糖を加えた水を6週間与えられたマウスは、迷路実験でなかなかゴールにたどり着けなかったという。

トウモロコシ精製者協会（CRA）は、否定的な共通認識に反論しようと、HFCSを「天然のもの」とする販売キャンペーンを行なった。2008年に始まった一連の広告では、コーンシロップは「食卓用の砂糖と栄養的には同じ」だと宣言し、「人間の体には違いがわからない」と主張した。2010年、協会は名前を「コーンシロップ」から「コーンシュガー」に替えることを提案したが、

ルイス・ハイン撮影の写真。ニューヨークのハドソン川に浮かぶはしけに港湾作業員がコーンシロップの樽を積みこんでいる。1912年。

食品医薬品局（ＦＤＡ）はこれを拒否した。ＦＤＡの報道官は、「シュガーはかたく乾燥した結晶化した食品を指すが、シロップは水溶液あるいは液体食品である」と述べた。[1]

砂糖とＨＦＣＳをめぐる論争は研究室で続けられたが、法廷論争も持ち上がった。２０１１年、西部砂糖協同組合（Western Sugar Cooperative）をはじめとする精糖業者は、トウモロコシ精製者のグループとファームベルト［アメリカ中西部の大農業地帯］の巨大企業に対し、ＨＦＣＳは天然のもので砂糖と同じだとする主張に関して受けた損害に対して15億ドルの賠償を求める訴訟を起こした。トウモロコシ精製者たちも、精糖業者はＨＦＣＳについて誤った情報を拡散していると主張し、砂糖業界に対し5億3000万ドルを求める訴訟を起こすことで対抗した。

裁判は2015年11月にロサンゼルス連邦裁判所で行なわれることになった。陪審員を決定するにあたり、ある陪審員候補者は、自分は大学で栄養健康課程を履修し、砂糖を摂りすぎてはいけないと警告されたと述べた。彼は陪審員には選ばれなかった。ある退職した食品セールスマンは、食料品店に何を御していたのかと尋ねられ、「キャンディです」[2]と答えた。彼は陪審員に選ばれた。数週間後、係争中の両グループは和解が成立したと発表した。ただし、合意の詳細な内容は非公開とされている。

◉単一栽培

広く栽培され、生産性が高く、用途が広いトウモロコシは、アメリカのほとんどどこでも栽培でき、1エーカー(約0・4ヘクタール)あたり3〜3・6トンという高い収穫が得られる。食品から家畜の飼料(2011年には収穫されたトウモロコシの49パーセントを占めた)、エタノール(トウモロコシ製品の40パーセントを占める)、プラスチックまで、何千もの製品に使われている。

言い換えれば、北アメリカで収穫されたトウモロコシの大部分は、人間ではなく家畜や自動車のためのものだということになる。トウモロコシは、アメリカ、ヨーロッパの一部分、インド、アフリカ、中国の、合わせて5億8000万エーカー以上の土地で栽培されている。穀物栽培は、新鮮な水や肥料に含まれる厖大な窒素など、大量の資源を消費する。化学肥料と堆肥は川や湖そして

1945年にカナダのケベック・シティに設立された国連食糧農業機関（FAO）の50周年を記念して発行されたタンザニア共和国の70シリングの切手。1995年。

トウモロコシ畑に殺虫剤と除草剤を空中散布する絵柄の切手。ルーマニア。1992年。

海へ流れこみ、水を汚染する。温室効果ガスである亜酸化窒素は大気汚染を招き、気候変動の一因となっている。

これらの環境問題に加えて、トウモロコシ単一栽培も大きな問題となっている。工業化された農法であれ有機農法であれ、1種類のみの作物を継続的に栽培すると設備や作業手順を統一でき、農場経営にとって最も重要な播種《はしゅ》や収穫の効率が上がる。だが、単一栽培は非難の的でもある。土地の養分のバランスが崩れ、作物を全滅させる恐れのある害虫や疫病に対する抵抗力も低下する。生態系が壊れやすくなるということは、人工肥料や農薬への依存が大きくなることを意味する。また、気候変化や自然災害のような環境的打撃だけでなく、市場の需要に対しても脆弱になる。

単一栽培によって災害が起こった例としてよく挙げられるのがジャガイモの品種のひとつ「ラン

パー・ポテト」だ。アイルランドは１８４０年代に大飢饉に見舞われた。このジャガイモは一般大衆にとって、安価な主食だった。遺伝的変異性もほとんどなく、食糧はほぼこの作物だけに頼っていた。しかし、胴枯れ病が急激に広まってランパー・ポテトに壊滅的な影響を与えた。１８４５年には全アイルランドの耕作地の３分の1から半分、１８４６年には4分の3が甚大な被害を受けた。

このように、単一栽培は食糧確保を危険にさらす可能性もある。バイオエタノールも同様だ。アメリカで生産されるトウモロコシはほとんど人間の食糧にはならない――このこと自体も問題だが――が、アフリカでは栽培されるトウモロコシのほとんどが人間の食糧となる。２００8年の世界的な食糧危機は、トウモロコシがバイオ燃料に転用されたことも一因だった。オイルとガソリンの価格上昇が添加エタノールに対する需要を押し上げ、高まる需要によってトウモロコシの価格が上昇したため、トウモロコシ生産の目的が食糧ではないものにさらにシフトする結果となった。一方、アメリカにおけるエタノール生産の大部分は多量の電力を必要とし、電力の約4割は今も石炭発電所で作られている。化石燃料に代わるものとして、トウモロコシ由来のバイオエタノールの利用をめぐる白熱した議論が展開されている。

●遺伝子組み換え作物

２０１１年までの統計では、29か国の農業従事者が毎年4億エーカー（1億６０００万ヘクタール）の遺伝子組み換え（GM）作物を栽培してきた。大部分のアメリカ製加工食品に限って見れば、現実には、ラベルに「natural（天然）」と記載されていてもいなくても、かなりの量の遺伝子組み換え食材が使われている。消費者リポートによると、朝食用シリアル、ポテトチップス、乳児用調製粉乳など、80種類以上のトウモロコシまたは大豆を含む加工食品がそれに含まれる。ヨーロッパのいくつかの国は遺伝子組み換え作物の輸入と栽培を禁止しており、世界的には50を超える国がラベル表示を義務づけているが、そこにアメリカは入っていない。

遺伝子組み換え作物の株をつくり出すには、DNA変更を行なう植物へ導入するのに望ましい特徴をもつ遺伝子を特定しなければならない。特定された遺伝子は、コピーされて宿主に導入される。この処置はDNA組み換え技術あるいは遺伝子工学（GE）と呼ばれる。

2010年、アメリカで栽培されたトウモロコシの90パーセントが遺伝子組み換え作物となった。2015年には、バチルス・チューリンゲンシス（学名 *Bacillus thuringiensis*）（Bt形質）と呼ばれる真性細菌の一種の遺伝子を組み込んだトウモロコシが、全トウモロコシ作付面積の81パーセントを占めるにいたった。理由はこうだ。Btタンパクがヨーロッパアワノメイガ、アメリカタバコガ、ネキリムシなどの害虫にとって有害であることはすでにわかっていた（虫がBtタンパクを食べると消化器が破壊され、死ぬ）。Btタンパクのこの性質を利用し、Bt遺伝子をもつ遺伝子組み換えトウモロコシへの転換が急速に進んだのである。また、除草剤グリホサートに対する耐性をもつ遺伝子組み換えトウモロコシの作付面積も89パーセントとなっている。これは、グリホサートによるダメー

トウモロコシの葉についたトウモロコシネキリムシのメスの成虫

バイオ化学メーカー大手モンサント社に抗議するデモは数多い。2013年10月（場所は不明）。

ジを受けない遺伝子組み換えトウモロコシにすることで、グリホサートを散布しやすくするということだ。

除草剤耐性トウモロコシは害虫被害のリスクを低減できるため耕作面積は従来より少なくてよく、つまりは人件費を削減でき、化学物質の流出などの環境への負荷も減らせるという利点がある。害虫が制御できると、生産量も増加する。アメリカでは3つの政府機関が遺伝子組み換え作物の規制を行なっている。食品医薬品局（FDA）は人間の潜在的アレルゲンに対し、生物の化学成分をチェックしている。環境保護庁（EPA）は殺虫剤の使用を監視している。農務省はEPAと同様に、現地調査や種子の分配の監督をする。強力な農薬を一気に散布すると耐性のある害虫の出現を結果としてうながしてしまうことも多いため、そのような事態を

グリーンピースのマーティン・ランガー撮影の写真。この活動家団体は、遺伝子組み換え作物にも多大な関心をもっている。

避けるために、害虫が逃げ込んでもよい「避難場所」もあらかじめ設定しておかなければならない。また、トウモロコシの花粉は風に乗って遠くまで飛んでいくので、遺伝子組み換え（GM）トウモロコシの耕作地と非GM作物の耕作地とを分離する広い緩衝地帯が必要だ。

GM作物を使った食品は従来の食品と比べて、人間の健康に対する危険を高めるものでないことについては幅広い科学的合意が得られているが、それでもなお生態学的、経済的、健康的見地からGM作物に異を唱える人もいる。そうした人々は、長期的に見た場合の健康上のリスクが十分に検討されていないと考えている。自然界はGM作物の雑草に立ち向かう能力に遅れをとるまいと、「スーパー雑草」を生み出しているのかもしれないが、その結果さらに厳しい化学的手段も必要になってくることだろう。

病虫害を物理的に封じ込めようとする方策がつねに被害を防いできたわけではない。たとえば多くの種子が種苗会社の特許商品になったが、そのために農業従事者は、前年度の作物から残しておいた種子を植えつけたことで訴えられないように、毎年種子を購入せざるを得なくなった。トウモロコシが４８００万の国民の主食である南アフリカでは、２０１１年、遺伝子組み換え（ＧＭ）の黄色い種子のトウモロコシが発芽しなかったため植えつける種子が不足し、食料供給が減少している。

遺伝子工学に対する批判者は、少なくともバイオファーミング［製薬用化学物質を生産するためにトウモロコシや大豆などの食用植物の遺伝子を組み換えて利用すること］だけは非食用作物を使うべきだと主張する。また、花粉にトランス遺伝子［動植物に人為的に導入された遺伝子］が含まれていないことは科学的に確認される必要があり、遺伝子組み換え作物はそうでないものと一目で見分けがつかなければならないとも論じている。さらに、遺伝子組み換え食品は「安全」だと言われているものの、現実には安全だと確実に証明することは不可能である、せいぜいできるのは、安全でなかったときにその事実を追認することだけだ、と反対者たちは主張している。(3)

昔も今もトウモロコシは議論の対象でありつづけてきた作物だが、もちろん称賛されてもきた。次章では、「われわれの母」「われわれの命」「われわれを養うもの」を寿《ことほ》ぐ祝祭、芸術作品、大衆文化などについて述べる。

第6章◉トウモロコシの祝祭

2010年、44歳で身長2メートル3センチ、体重122・5キロの〝ジャミン〟ジョー・ラルーは、フロリダ州ベルグレードで開催されたスイートコーン・フェスティバルのトウモロコシ早食い競争で、12分間に46本のトウモロコシを平らげて優勝した。2012年のテキサス州ルイスビルのウエスタン・デイズ・フェスティバルでは、ジョーイ〝ジョーズ〟チェストナット（メジャーリーグ・イーティング［アメリカで開催されている早食い・大食いのスポーツ選手権シリーズ］でのランキングは2位）が12分間で102個のタマリを食べた。チェストナットは1年後のミネソタ州ミネアポリスで行なわれたゾンビ・パブクロール［ゾンビのような扮装をしてミネアポリスのバーやパブをはしご酒するイベント］でも、54個の豚の脳みそのタコスを平らげている。体重100ポンド（45・4キロ）ながら、大食いランキング6位のソニヤ〝黒衣の未亡人《ブラック・ウィドー》〟トーマスは、5分で31個半のチーズ・ケサディージャをかき込んだ記録の持ち主だ。

トウモロコシの早食いの例ほど、トウモロコシがいかに祝福された作物であるかを示すものはない。トウモロコシが関わる儀式、踊り、歌もある。人々は祭典を企画し、実際に出かけ、建物を建て、記念碑を作り、映画を制作するなどのさまざまなやり方で、トウモロコシがわれわれの生活にどれほど根を下ろし、どれほど重要な穀物であるかを認識するのだ。

◉断食、祝宴、再生

「トウモロコシ、それはアメリカ人であるわれわれの一部だ」。トウモロコシ生産者協会はウェブサイトでこう宣言している。[1] しかし先住民たちはこのことを何世紀も前から知っていたし、たとえばグリーンコーン・セレモニー、または「バスク（busk）」（断食を意味するブスゲッタ Posketv に由来する）を行なうことで証明してきた。おもにイロコイ族のようなおもに東部森林地帯に住む人々や、クリーク族、チェロキー族、セミノール族、ユーチ族など南東部に住む部族が執りおこなうグリーンコーン・セレモニーは、社交行事、祝祭、宗教的儀式が一体化されたものだ。これはいわば、正月の祝典、感謝祭、ユダヤ教のヨーム・キップール（贖罪《しょくざい》の日）、キリスト教の四旬節《しじゅんせつ》やマルディ・グラ（告解の火曜日）を合わせたようなものだ。

バスクは共同体や時代によってさまざまに形を変えてきたが、いくつか共通する要素がある。通常は晩夏《ばんか》に行なわれ、トウモロコシが熟する時期と結びついている。断食、祝宴、踊り、歌、儀式で構成される祝典は7日間続く（さまざまな記録によると、3日あるいは4日から8日まで幅が

ワシントン州シアトルのパイクマーケットで売られているトウモロコシ。2015年。

ある）。この「最初の成果」を祝う祭典に共通するテーマは、偉大なる精霊（Great Spirit）にしかるべき感謝を捧げるまではトウモロコシを食べてはいけないということだ。

博物学者ウィリアム・バートラムは、アメリカ合衆国南東部の旅について１７９１年に書いた旅行記の中で、以下のように記している。祝典に臨み、人々は新しい衣服と道具をおろし、古いものは積みあげて燃やした。自宅や広場をきれいに掃除して新しい火をともし、罪人には大赦を宣告、３日間断食して「食欲や情欲などあらゆる欲望を満足させることを慎《つつし》んだ(2)」

アメリカ人の俳優で劇作家のジョン・ハワード・ペインは、１８３５年の親族へ宛てた手紙――彼の死後１８６２年に出版された――の中で、先住民のマスコギー族（小川《クリーク》のそばに居住していることから、英語圏の人々はクリーク族と呼ぶ）が執り行なう祭典について詳述している。8日間におよぶ祝典のうち、3日目から6日目まで彼は立ち会ったが、最後の日に、有名な族長であり戦争の語り部であるアポテオラの長女が、「私を大いに喜ばせてくれた。彼女は17か18歳に見えた」。背が高く、均整のとれた体つきで、身のこなしも優雅な娘は、「まるでヨーロッパ人のよう」だった。白いモスリンの長い上着と鮮やかな色の花がついた黒いスカーフ、金の腕輪、サンゴの首飾り、人目をひく金と宝石のついた耳飾りを身につけていた。髪は「パリ娘のように」まとめられ、べっ甲のくしで留めてあった。「大変光栄なことに、〔王女は〕私だけを見てくれた」と、ペインは書いている。「その目に茶目っ気のある、からかうような表情が浮かんだのに気づいたが、その目は時折、『きっとあなたは、こんなことはすべて滑稽だと思っておられるのでしょう。あなたが困惑されているように見えてきました』と言っているように思えた(3)」。

その祝典は、ペインが到着する2日前から始まっていた。選ばれた場所は4つの大きな丸太小屋で囲まれた広場。小屋の後ろはさえぎるものもなくて空気の通りがよく、広場に面していた小屋の側面は開け放たれていた。ペインは新しい敷物の上に座って催しを観察した。祝典が行なわれるたびに、前年から堆積したごみや土は聖なる広場から取り除かれる。「奉納式が終わるまで、よそ者が聖なる広場の新しい土に足をつけることは許されない」。すべての家は、家の中が刷新されたことを外に示すために掃き清められ、火がすべて消されると、罪は許されるのだった。「最初の儀式は、広場にその年の新しい火をともすことだ」と、ペインは書いている。新しく作られた聖なる陶器の器が広場に設置される。再生の象徴として木の棒に火がつけられ、すべての家々に火がまわされていく(4)。

ペインが見学した夕べの踊りは、敬虔なものから楽しいものまであったが、日中に行なわれたのはほとんどが宗教的な踊りだった。「祝典の敬虔な催しが行なわれている間は、食べものを食べている者は誰も聖なる広場に入ることは許されない」。酔っぱらいも同様だ。「浄化の儀式が終わるまでは、たとえ衣服であっても、白人に触れられることは、先住民にとって冒瀆《ぼうとく》だと考えられている(5)」。

夜が明けたあと、ペインが広場に戻ると、人々が断食の終わりを告げる儀式の準備をしていた。ふたりの族長が、真鍮《しんちゅう》と鋼鉄の平皿をうやうやしく捧げもっている。族長は数本のまだ青いトウモロコシの穂を皿に載せると、新しい年もトウモロコシが豊かに実るよう祈禱をした。それから模擬戦が始まった。「トウモロコシの茎を銃に見立てた」ものが使われ、最後にトウモロコシの茎が見物人に放り投げられる。模擬戦が終了すると「トウモロコシを食べてもよいと許可が下り、全員がたらふく食べた(6)」。

ペインは「古来の踊り」が終わってから出発した。「祝典を見学でき、この目で先住民が自らの国で生活しているところを見、この耳で先住民の言語を聞くことができたのは、この上ない喜びだった」、それは「詩的で音楽的な言葉だった」とペインは書いている。

私はこれほど強い宗教的熱意を見たことがない。祝祭は格式のある敬虔なものだった。新しい年を謙虚に断食を行なって迎え、浄化し、祈り、感謝を捧げる。敵意を葬り去り、同時に勇気を高めていた。この儀式は日常生活をいったん休止して天に感謝を捧げるためのものであり、そののち、捧げ物を食した。

劇作家であるジョン・ハワード・ペインは、「埴生《はにゅう》の宿《やど》（ホーム・スイート・ホーム）」（１８２３年）の作詞者としても知られている。彼がグリーンコーン・セレモニーを見学したのは１８３５年だ。１８３５年といえば、連邦政府がクリーク族を先祖伝来の土地から追い払う1年前に当たる。ペインは祝祭について、「彼らにとってきわめて重要なもので、おそらく祖先の国でいままさに最後になるであろう儀式を執り行なっていることだろう」と思いをめぐらせ、手紙をこう締めくくっている。「われわれにとっては慚愧《ざんき》に堪えないことだが、あの祝典に集まった多数の肌の白い人間と赤い人間とを比べてみると、未開人と呼ばれている人々のほうがはるかに興味深く、品格があったと言わざるを得ない(7)」。

●品評会と料理

日本から中南米の国々、さらにはアメリカまで、夏になるとトウモロコシ、なかでも穂付きトウモロコシが大きな役割を担う祝祭が開催される。日本はトウモロコシの最大の輸入国だ。冷製のコーンスープや、しょうゆ、みりん、砂糖を塗った焼きトウモロコシが人気だ。２０１２年、フィリピンのパンガシナン州サント・トーマスで第2回コーンフェスティバルが開催され、主催者たちは6000本の穂付きトウモロコシを焼いた。エルサルバドルのスチトトでは1989年からコーンフェスティバルが毎年開催されている。収穫への感謝を表すために、さまざまなトウモロコシ料理がふるまわれる。

メキシコのオアハカの町と近隣の村々の祭典ゲラゲッツァは、7月の月曜日に2回にわけて開催される。もともとはスペイン人の到着以前から行なわれてきた、トウモロコシとトウモロコシの神を崇拝する祝祭だったが、のちにキリスト教の伝統に同化していった。祝祭では先住民の食べもの、衣裳をつけた伝統舞踊、音楽隊を従えた行進、さまざまな芸術品や工芸品を見ることができる。現在この行事は観光の目玉になっているが、昔ながらの伝統が粗野な商業主義に屈していると考える純粋主義者からの反発を受け、物議をかもしている。

トウモロコシをテーマにした品評会や行事は、アメリカでも多数開催される。イリノイ州アルコラのヒストリック・ダウンタウン・メインストリートでは、2016年9月に46回目となるブルームコーン・フェスティバルが開催された。19世紀にこの地域がホウキモロコシ生産の中心地だったことを記念する催しだ。ウィスコンシン州ローヤルで毎年開催されるコーンフェスティバルでは、蹄鉄《ていてつ》投げ大会のほか、馬・トラック・トラクターによる綱引き大会も行なわれる。来場者は「ローヤル名物」の軸付きトウモロコシなどの味見を勧められ、「黄金色のトウモロコシ探し」のイベント参加者には賞金も授与される。

カンザス州ロスビルでは7月にトールコーン・フェスティバルが開催される。2015年にア

ミネソタ州ヘクターのコーンチャフ・デイを記念するバッジ。コーンチャフはトウモロコシと豆を煮こんだ料理。

イオワ州シャーラーで開催された第65回ポップコーン・デイズは、さまざまな食べものとともに、パレード、音楽、それに「ポップコーン無料食べ放題」でにぎわう。2016年8月にアイオワ州アデルで開催された30年の伝統を誇るスイートコーン・フェスティバルは、トウモロコシの皮むきで始まった。来場者にはスイートコーンが無料でふるまわれ、ライブパフォーマンス、工芸品や食べものの屋台、町中でのダンスなどが催された。

祭典の中には、ロードアイランド州チャールズタウンで開催されるナラガンセット・ナショナル・グリーンコーン・サンクスギビングや、コネティカット州マシャンタケットのグリーンコーン・パウワウのように、民族的な指向と資金援助をもつものもある。2016年8月に36周年を祝ったペンシルベニア州アレンタウンの先住民文化博物館（Museum of Indian Culture）では、先住民フェスティバルが開催された。週末には、さまざまな料理、フリントクナッピング［石英などかたい石を打ち合わせて矢じりやナイフなどの石工品を作ること］の実演、太鼓の演奏、歌と踊り、工芸品の展示、プレーンズ・インディアン［大草原に居住した先住民］のテントに注目が集まった。また、来訪者は投槍器《アトラトル》を使った戦斧《トマホーク》投げにも参加した。市場ではアメリカ先住民のアクセサリー、絵画、衣服が販売され、子供の工作のエリアでは砂絵を作成したり、ドリームキャッチャー［先住民に伝わる網状の輪に羽やビーズなどを飾った魔除け］を編んだり、フェイスペインティングを施したりする機会が設けられた。来訪者はバッファローのハンバーガー、先住民のタコス、揚げパン、それに直火焼きの穂付きトウモロコシを味わった。その翌週には、毎年恒例の焼きトウモロコシ祭りが開催された。

アイオワ州ウエストポイントで1952年から毎年開催されているスイートコーン・フェスティバルにはおよそ2万5000人が訪れる。他の多くの品評会と同様、参加者は軸付きトウモロコシが無料で食べ放題だ。他にもスイートコーン早食い競争、無料のステージ・エンタテインメント、カーニバル・アート&クラフト、5キロまたは10キロのマラソンまたはウォーク、パレード、トウモロコシ畑でのトラクター牽引競争などが催される。祭りに先立ってトウモロコシの皮むき会が行なわれ、地元の人々が17トンのトウモロコシの皮をむく。1980年代からは、軸付きトウモロコシをゆでるのに昔の蒸気エンジンが使われている。

イリノイ州メンドータで1948年に始まった毎年恒例のスイートコーン・フェスティバルでも、熱いバターを塗ったスイートコーンが無料でふるまわれ、パレード、カーニバル、音楽会、工芸品などのフリーマーケット、エスニック料理を楽しむことができる。また、トウモロコシ投げ競争、ハズバンド・コーリング大会［女性が夫の名前を叫んで大声を競うコンテスト］、スイートコーンの女王コンテストが行なわれ、トウモロコシ農家の夫婦で最も若いカップルと最も年長のカップル、トウモロコシ農家でいちばんの大家族、最も丈の高いトウモロコシを表彰する式典などもある。アンティークの蒸気エンジンがタンクに入った水を熱してトウモロコシをゆでるようすも楽しい。このフェスティバルには6万人以上が訪れ、約60トンのスイートコーンを消費する。

フェスティバルはすべて、楽しさ、食べもの、地元に対する誇りを育むことを重要視している。たとえば、ルイジアナ州バンキーで開催されるルイジアナ・コーンフェスティバルは、1987年に町の活性化を図る目的で商工会議所によって始められたが、トウモロコシの早食い競争、ストリートダンス、トカゲ競争、パレード、ソフトボールのトーナメント、歌やダンスの才能を競うタレントコンテストなどで「家族連れで楽しめる雰囲気」をつくり出した。「温かさ、親しみやすさ、ハッピーな精神」が功を奏し、州の各地から人々が訪れたと主催者は言う。「トウモロコシの列をたどってバンキーまでお越しください。きっととてつもなく楽しい時間を過ごせることでしょう」

ナショナル・コーンブレッド・フェスティバルの本部。テネシー州サウスピッツバーグ。2010年。

こうした祝典では大抵食べものが提供されるが、テネシー州サウスピッツバーグのナショナル・コーンブレッド・フェスティバルは日取りだけでなく（晩夏に開催されるのが一般的だが、これは4月の最後の週末に開催される）、イベントも一風変わっている。呼び物には、ロッジキャスト鉄鍋鋳造工場の見学ツアーもある。コーンブレッドを手早く作るのに理想的な鍋を製造している工場だ。また、コーンブレッド料理コンテストやコーンブレッド早食い競争、それに、地元の組織が準備した9酒類のコーンブレッドを試食できるイベント、コーンブレッド・アレイもある。

アメリカで催されるこうしたフェスティバルには、いくつか共通する重要なテーマがある。まず、地元を売りこもうという意図があることは明らかだ。主催者である商工会議所は、その地域と住民と生産品を宣伝する意図と、町と周辺の地域が得る恩恵を認識している。ほかの地元の産業を無視するわけではないが、スポットライトは農業に当てており、厖大な量の焼きトウモロコシをふるまうことで気前のよさを強調している。最も背の高いトウモロコシや、農業従事者の最年長の夫婦と最も若い夫婦をほめたたえる。地元の工芸家によるすばらしい作品を展示し、トウモロコシを使った伝統料理と新しい料理を評価することで、農家の生活様式と農業の価値、それに自立心を高めようとしている。

フェスティバルには、過ぎ去った日々への郷愁もあふれている。昔懐かしい蒸気エンジンを使ってトウモロコシを料理する。蹄鉄投げ大会やトラクターの綱引き大会で男たちが競いあう。広場にはカーニバルの売店が並び、呼び込み人が大声で盛り上げている。来場者には、農機具の操作や「昔ながらの鍛冶屋の実演」への参加を呼びかける。

もちろん他にもテーマはある。共同体意識の称賛だ。イベントの準備には何百人ものボランティアが協力し、何千本ものトウモロコシの皮をむく。パレードは町の住民の中から参加者を募る。スイートコーンの女王は地元の高校生の中から選ばれる。ストリートダンスや地元の人々が主役になるタレントコンテストがあり、高校の合唱部による音楽のパフォーマンスがある。教会の聖歌隊が合唱し、ドック・アシュトンとルートキャナルズのようなジャズバンドが演奏する。フェスティバルの利益はすべて地元の慈善事業や翌年のイベントに使われる。

フェスティバルは、ゲーム、カーニバルの乗り物、「子供《キディ》のパレード、フェイスペインティング、工作、ふれあい動物園など、家族全員が楽しめるものになっている。イリノイ州フープストンのナショナル・スイートコーンフェスティバルでは、子供向けのマラソン大会や可愛い赤ちゃんコンテストも開催される。

感覚的な要素も大きな位置を占める。フェスティバルは騒々しい音やさまざまな光であふれているからだ。食べものを料理する匂いが四六時中あたりを漂い、よだれが出てくるような鶏肉や豚肉のバーベキュー、バッファローのハンバーガー、パンやコーンブレッドを揚げる匂いが空腹をそそる。来訪者には無料のポップコーンや焼きトウモロコシの大盤振る舞いだ。

おそらく、このようなアメリカ各地のコーンフェスティバルや品評会を最もうまく表現したのは、私のボイドおじさん［「アンクル・ボイド」はミュージカル映画『くたばれヤンキース』の登場人物。著者にも同じの名前の叔父がいるのだろう］の言葉だろう。彼はカンザス州南東部の人口500人の町の町長を務めるかたわら、隔週で発行する4ページの新聞の編集者もしていた。ボイドおじさんは、彼が属する共同体や家族の活動の報告書をしばしばこの言葉で締めくくった。「みんなで楽しい時間を過ごすことができた！」

◉公共の場におけるコーンアート

トウモロコシは、たとえば彫刻、穀粒で作ったモザイク、トウモロコシの苞葉《ほうよう》で作った衣裳、鍊《れん》鉄《てっ》製の柵など、その土地特有のさまざまな芸術形式で称賛されている。カンザス州アチソンのコーンカーニバルは、人々の関心を農産物に向けたり、州への誇りや地元の商業を促進したりするための新しい方法を例示している。このイベントの発案者はアチソングローブ紙の編集長Ｅ・Ｗ・ハウだが、１８９４年に一般市民の手によって開催され、トウモロコシのすばらしさが広く世に伝えられた。

「1年に1億６０００万ブッシェルのトウモロコシを栽培できる人々は、彼らが望むなら、そのいくらかを無駄にする権利を有している」。これはロンドンのストランド・マガジン誌に掲載された、１８９７年のコーンカーニバルに関するアーサー・ハリスの記事の最初の一文だ。そしてアチソンの住民は、「明るく偉大な西部で見られる最大の祝祭のひとつ」において、大量のトウモロコシを気前よく浪費していた[8]（１８９７年12月26日のシカゴ・トリビューン紙によると、「現在行なわれているトウモロコシの収穫ほど注目に値するものは、州の歴史においてかつてなかった」）。

１００マイル（約１６０キロ）も離れたところから汽車でカーニバルをめざしてやってきた人々は、すでに車中から「見るもの聞くものトウモロコシづくしだった」と、ハリスは書いている。行商人はトウモロコシの茎で作った杖や皮をむいたトウモロコシを売り歩いていた。建物は「あらゆ

女性用のコーンドレス。カンザス州、アチソン・コーンカーニバルの土産用の小冊子。1902年。

る方法で、トウモロコシの茎、房、葉、皮をむいたトウモロコシ、穂付きトウモロコシ、ポップコーン、着色したトウモロコシで華麗に飾られ、トウモロコシのジュースさえどこかにありそうだった」。店々はトウモロコシの穂を使って通行人の目を引く「奇抜なデザイン」を工夫し、歩道には「新参者には考えられないような、トウモロコシの実で作った奇妙な物体があった」[9]。

パレードを率いる音楽隊の後ろには、飾り立てた自転車にトウモロコシの衣裳を着た人々が乗る一団がいた。さらにその後ろには、四頭立ての馬車、一頭立ての馬車、サリー型馬車、荷馬車、ティッシュペーパーとトウモロコシの皮で作った花を飾った四頭立て大型馬車が続いている。カーニバルの王はトウモロコシの皮で作った頭飾りを着け、4頭の馬が引く絢爛《けんらん》な二輪戦車《チャリオット》を意気揚々と駆っていた。多くの女性たちは、老いも若きも

男性用のコーンドレス。アチソン・コーンカーニバルの土産用の小冊子。1897年。

「ドレス、帽子、ネクタイ、それに靴までも、トウモロコシ、あるはトウモロコシの皮や房で作ったものを身につけていた」。男性もまたトウモロコシの皮で作った衣服をモコモコと身につけ、まるで北極圏の人々が着る毛皮の服のようだった(10)。夜になると、飲んでごきげんになった者たちが闊《かっ》歩《ぽ》しては、ふくらんだポケットからトウモロコシの実を群衆に投げつける。通りはまるでトウモロコシを挽く石臼のようなありさまだった。翌日には何ブッシェルものトウモロコシが集められ、貧しい人々に与えられた。

「最大の楽しみは、赤い穂のトウモロコシに関するものだ」とハリスは書いている。「若者たちは、赤い穂のトウモロコシを持っている娘にはキスをしてもいいという古きよき慣習は今も有効だと主張していた」。大量の赤い穂のトウモロコシはすぐに売り切れとなった。カーニバルでは「数人の大胆な若者が朝っぱらから赤い穂を持つ娘にキスをすると、この慣習はすぐに広まった」。果たして、「衣服に赤い穂のトウモロコシをつけた娘はみな何度もキスをされた。夜になっても、まだ赤い穂のトウモロコシを身につけている娘もいた(11)」。

アチソン・コーンカーニバルは数年開催された。1902年、町の住人は高さが6メートルはありそうな2階建ての屋台を作り、そのてっぺんに、膝まである頭飾りをつけた同じくらいの高さの先住民の像を立てた。像とその衣裳はすべてトウモロコシから作られ、足元には本物のトウモロコシが植えられた。山車《だし》の中には、トウモロコシで作られたアメリカの国旗を載せたものや、馬が引く車に「元カンザス州民」と書いたバッタを乗せたものもあった。トウモロコシを売る売店に

アチソン・コーンカーニバルの土産用の小冊子より。説明文には「アチソン在住のアーティストC・H・カッサバウムが制作したすべてトウモロコシでできているアパッチ族先住民の像。ブランケットと羽飾りは色づけしたトウモロコシの外皮、台はトウモロコシの茎と穂でできており、足元には背の低いトウモロコシが植えられている。16人の先住民の少女によるマンドリン合奏団がブースの上の音楽スタンドで演奏した」とある。1902年。

は、砦、城、トウモロコシ畑を模したものもあったという。このイベントの参加者はおよそ3万人だった。

農産物で作るアート作品は身近な食材から作る楽しい美的創作であり、地域や州の品評会だけでなく世界中いたるところで人々の目を楽しませてくれる。こうした展示会の開催は、農業従事者、実業家、雇用の機会を地域に引き寄せることで地域投資と移住を促進し、結果として経済の活性化に寄与する。地域の豊かさ、独自性、楽しさを前面に押し出すことは、地元に対する誇りを示すことでもある。そしておそらく来訪者に、うらやましい、こんな場所に住みたいと思わせることにもつながる。農産物と食品から作られるヴァナキュラー・アート〔芸術家だという意識がない人によって作られるその地域独特の芸術〕に関する随筆の中で、パメラ・H・シンプソンは象徴的に、農業の豊かさについて誇らしげにこう書いている。

国際見本市とは一体なんでしょう。その国が建国以来どれほど進歩したかを示すためのものです……こうした富者を提示することで、産業革命の勝利と、乏しい国から余剰、欲望、消費の国へ大きく変化したことを知らせるのです。(12)

農産物で作るアート作品には彫刻のような屋内展示だけでなく、屋外で展示されるものもあり、建物そのものがアートというものさえある。1887年に建造されたアイオワ州スーシティーのコーンパレスは、その屋根、側面、室内は、さまざまな色のトウモロコシの実、茎、皮、絹糸だけでなく、束ねたオーツ麦、ソルガム、小麦、ライ麦、亜麻、パンプキン、カボチャ、ジャガイモも使って装飾された。地方視察の合間にコーンパレスに立ち寄ったグロバー・クリーブランド大統領夫妻も大いに感銘を受けたと言われている。

1889年、コーンパレス計画を推進するために、スーシティーは135人の使節を乗せた親善列車を東部へ送り出した。これは、鮮やかな色彩のトウモロコシで汽車の壁面を飾る、走る広告塔だった。列車はベンジャミン・ハリソン大統領の就任式に間に合うようにワシントンDCに到着し、大統領をはじめ名士たちが乗りこんだ。2年後の祝典の出席者は、赤いローブとトウモロコシの王冠を身につけたトウモロコシの王とシリアルの女王が臨席するグランドパレードに迎え入れられた。しかしその後洪水に見舞われ、景気も悪化しはじめたため、スーシティーが黄金の穀物のために聖堂を建設したのは1891年が最後になってしまった。

コーンパレスに刺激を受けて、多くの町が農産物を祝福する建物を作った。メーソンシティのフラックスパレス、クレストンのブルーグラスパレス、アルゴナのヘイパレス、そして、提案だけになってしまったが、ダベンポートのオニオンパレス（以上はすべてアイオワ州）。サウスダコタ州プランキントンのグレインパレス、ネブラスカ州グランドアイランドのシュガービートパレスもある。1891年にスーシティーのコーンパレスが終了したのを受け、サウスダコタ州ミッチェルの人々が1892年に独自の構造物を作った。最初は「コーンベルト展覧会」と呼ばれていたが、

コーンパレス。キャロル・M・ハイスミス撮影。サウスダコタ州ミッチェル。

やがて「世界で唯一のコーンパレス」になった。サウスダコタの生活のさまざまな場面を描いた建物の外壁の壁画には、数千ブッシェルのトウモロコシなどの穀物や草が使われた。毎年装飾は取り換えられ、新しい壁画が作られた。この建物ではステージショーやスポーツイベントも行なわれ、1971年からはコーンパレス・ロデオ大会も開催されている。

トウモロコシは建物の内部や外壁に使われるだけでなく、柵の装飾にも使われる。現在も残っているのはトウモロコシの茎を模した3つの錬鉄製の柵で、いずれも有名なフィラデルフィアの鋳造工場ウッド&ペロー社のニューオリンズ支店にあたるウッド・ミルテンバーガー社が鋳造したものだ。

ひとつはニューオリンズのフレンチ・クオーター、ロイヤルストリート915番地にある。

バニング・レジデンス・ミュージアムの錬鉄製の柵。カリフォルニア州ウィルミントン。2016年。

現在は「ザ・コーンストーク」というブティックホテルになっている。ふたつ目はニューオリンズのガーデン・ディストリクト4丁目1448番地の由緒ある「コーンストーク・フェンス・マンション」で、ショート大佐の別荘として知られている（面積910平方メートル）。このふたつの柵には同じいわれがある。所有者の妻がアイオワ州出身であり、妻をなぐさめるために故郷のトウモロコシ畑をほうふつとさせるフェンスを注文したというものだ。

3つ目の錬鉄製の柵は、カリフォルニア州ウィルミントンのイースト・M・ストリート401番地にあるウィリアム・サンフォード・バニングの家を囲んでいる。ここはロサンゼルスの南、ロングビーチの北にあたる。1858年にニューオリンズで鍛造された柵は、カボチャの上にトウモロコシの茎が載っていて、ブドウが茎にからまった形にデザインされている。柱を飾っているのはトウモロコシの穂だ。ただし、アイオワ出身の妻を慰めるためにトウモロコシの茎の柵を注文したといういわれは、この柵には当てはまらない。ウィリアム・バニングは一度も結婚しなかったし、この家は個人宅ではなく娯楽施設にするためにロサンゼルス市に売却したからだ。

一時的なものも含めれば、トウモロコシを賛美する記念建造物はまだまだある。ウィキペディアやRoadsideAmerica.comでは、何枚かの写真を見ることができる。1・8メートルのトウモロコシの穂を丸太から掘って鮮やかな黄色に塗ったものが、カリフォルニア州ペッパーウッドの住民に捧げられている。これはビッグコーン・モニュメントと呼ばれ、ハンボルト・レッドウッズ・ステートパークのアベニュー・オブ・ザ・ジャイアンツの奥まった場所に鎮座している。ミネソタ州オリ

かごに入ったトウモロコシの装飾。ある歴史的建造物のディテール。カンザス州トペカ。2009年。

ビアにあるハイウェイ212号線沿いの公園の展望台には、世界最大のトウモロコシの穂がある。このファイバーグラス製の穂は1973年に作られ、高さは7・6メートル。ミネソタ州ロチェスターの自慢の品はハイウェイ14号線沿いにある給水塔だ。皮がほとんどむかれたトウモロコシの穂に見える。

オハイオ州ダブリンにある「フィールド・オブ・コーン（アメリカハリグワの木とともに）」は、1935から1963年までフランツ一家が耕作していた土地に建っている。サム・フランツは有名な交配家で、オハイオ州立大学と協力して新種のトウモロコシを生み出した人物だ。ダブリン芸術審議会は地元のアーティストであるマルコム・コクランに、ここに何か作品を作ってほしいと依頼した。109本のコンクリート製のトウモロコシの穂を設置するというコクランの提案は、1994年に完成した。穂1個の重さはおよそ680キロ、高さは1・8メートル。1・8メートルの間隔で敷地の西端に沿って1列に並ぶ古いアメリカハリグワの木を見て、コクランはこの地域の過去の農業に思いをはせた。5枚の銅製の飾り板には、先

ダブリン芸術審議会の依頼によりマルコム・コクランが制作した「フィールド・オブ・コーン」（アメリカハリグワの木とともに）。この作品は109本のコンクリート製のトウモロコシの穂でできており、１本の高さは約1.8メートル。オハイオ州ダブリン。1994年。

住民の時代からこの地域の発展を促進した、偉大なる州都コロンバスを囲む環状道路建設までの歴史が描かれている。

「フィールド・オブ・コーン」は現在、企業のオフィスビル、どこの町にもあるような店々、隣接する郊外の町並みが建ち並ぶ中にポツンと存在している。作者から個人的に聞いたところによると、この作品の設置は、「道路を行き交う人々の目を奪うもの、農民の生活様式の記念碑、農業の墓地のようなもの」としての役割を果たしているということだ。

半永久的な伝統の中の一時的な記念碑といえば、アイオワ大学のホームカミング・タワーがある。ホームカミングとは、アメリカのほとんどの大学・高校が秋に旧教職員や卒業生を招待してダンスなどのイベントを楽しむ行事だ。アイオワ大学のこの慣習は１９１４

アイオワ大学のホームカミング・タワー。フレデリック・W・ケント撮影。1919年。

年に始まった。最初に作られたタワーには、3000本の黄、赤、白のトウモロコシが使われた。毎年ホームカミング・デイのアメリカンフットボール対抗試合では学生がその年のタワーに火をつけて祝う。この行為が禁止されていた時期もあったが、2014年、もう一度タワーを作ろうという機運が盛り上がった。オベリスクの土台は黒く塗られ、塔の頂上付近の側面にアイオワの頭文字「I」が描かれた。

このように、アイオワ州はトウモロコシに関するパブリックアートでは、とくに重要な役割を果たしている。なんといっても、この州は昔からアメリカにおけるトウモロコシの主要生産地だ。2012年を例にとると、アイオワ州のトウモロコシ生産高はミネソタ州、ネブラスカ州、イリノイ州などを抑え、群を抜いての1位となっている。アイオワ州といえばトウモロコシであり、数々の歌や映画にも登場する。

●歌と映画

トウモロコシがタイトルに入っているアルバムはいくつかある。ジェームズ・バートンの『コーン・ピッキン&スリック・スライディン』、スパイク・ジョーンズの『コーンズ・ア・ポッピン』、シャノン・ブラウンの『コーン・フェッド』、バレット・ハンセンの『ドクター・デメントス・カントリー・コーン』。ハンセンは私が40年間教鞭を執ったUCLAの民俗学と神話学のプログラムを受講したこともある。これ以外にも、歌詞やコーラスにトウモロコシが入っている曲は

2500以上にのぼる。

よく知られているフォークソングに「ホット・コーン、コールド・コーン、ブリング・アロング・ザ・デミジョン」があるが、この歌では「コーン」が何回も繰り返して歌われる。1840年代の顔を黒く塗った吟遊詩人の時代に人気を博した「ジム・クラック・コーン」や「ブルー・テール・フライ」は、1940年代に民族音楽が復活しはじめたとき、フォークソングとしてふたたび流行した。アフリカ系アメリカ人独特の英語で歌われることが多く（のちに標準的な口語で表現されるようになった）、その内容は奴隷が主人の死をうわべは嘆き悲しんでいるようだが、心の中では白人の死を喜んでいるというものだ。

アイオワ州民には、自慢の食べものを称える歌がある。「アイオワ・コーン・ソング」だ。公式の州の歌ではないが、アイオワで最も広く知られ、よく歌われている歌だと言う人もいる。1912年、フリーメーソンの外部団体である友愛結社デモイン（アイオワ州の州都）の代表団は、カリフォルニア州ロサンゼルスで開催される集会に参加するにあたり、自分たちの州にとって最も重要な作物を宣伝するため、心が躍るような行進曲が必要だと考えた。デモイン商工会議所所長ジョージ・E・ハミルトンが、最初の歌詞と、気持ちをかき立てるようなコーラスを寄稿した。

グランド・オールド・アイオーウェイの歌を歌おう。ヨーホー、ヨーホー、ヨーホー
われらの愛は日ごとに強まる、ヨーホー、ヨーホー、ヨーホー

だから、集まろう、そして、何十万人もの強力な群れになろう。
この歌をみんなで歌おう、ヨーホー、ヨーホー、ヨーホー
われらはアイオーウェイ、アイオーウェイの出身だ。
どこに行っても、どちらを向いても喜びにあふれている。
われらはアイオーウェイ、アイオーウェイの出身だ。
背の高いトウモロコシが育つ場所だ。(13)

長い年月の間に、何百もの歌詞が書かれた。ユーチューブの動画には、パーシー・フェイス楽団のものも含め、多数の演奏がアップされている。最後のコーラス「背の高いトウモロコシ」のところで、歌手は両腕を頭上に上げるのがいつしか決まりのようになった。

アイオワ州のトウモロコシは歌に歌われているだけではない。トウモロコシが重要な役割を果たす映画は片手に余るほどあるが、その3分の2はアイオワ州が舞台となっている。そのうちのひとつが、2007年に封切られたドキュメンタリー映画『キング・コーン』だ。大学を卒業したふたりの友人同士が2003年にアイオワ州へ移住し、1エーカー（約4000平方メートル）の土地を借りて遺伝子組み換えトウモロコシを栽培する。そして、穀物倉庫にあふれるほどのトウモロコシを収穫し、市場へ出荷されるまでを追ったものだ。残りの3作品はフィクションだ。ホラー映画の『チルドレン・オブ・ザ・コーン』（1984年）はスティーブン・キングの小説（1977

年）を原作にし、元々は『ディサイプルズ・オブ・ザ・コーン』（１９８３年）という短編映画だった。そしてファンタジー映画の『フィールド・オブ・ドリームス』（１９８９年）はトウモロコシ畑に野球場を作る男を描いた作品だ。もう１本はＳＦの『インターステラー』（２０１４年）で、胴枯れ病でトウモロコシ以外のすべての穀物が壊滅状態になり、人類の生存が危うくなるという内容だ。

トウモロコシに関連する映画で、アイオワ州以外が舞台になったものが2作品ある。『コーン・アイランド』（２０１４年）は、ジョージア［旧国名グルジア］の映画『とうもろこしの島 *Simindis Kundzuli*』の翻訳だ。ジョージアのコーカサス地方とアブハジア共和国は、エングリ川をはさんで戦闘状態にあった。この川の中州にあるアーモンドの形をした小さな不毛の土地を、年老いた農夫と学齢期の孫娘が耕作する物語だ。『ケロッグ博士』（１９９４年）は20世紀初頭のミシガン州バトルクリーク（「国民にとってのシリアルボウル」という愛称がある）を舞台にしている。ジョン・ハーベイ・ケロッグ博士はバトルクリーク療養所を運営している。第4章でも取り上げたように、菜食主義活動家で健康法の権威でもある博士は、コーンフレークの発明者のひとりだ。この映画は、Ｔ・コラゲッサン・ボイル著の同じタイトルの小説（１９９３年）に基づいて制作されている。原作者はまた、療養所の元患者でのちに自分でシリアル会社を設立したＣ・Ｗ・ポストが製作した小冊子から題名を取っている。

この小説と映画は、大部分が歴史的事実に基づいている。セブンスデー・アドベンチスト教会の設立者のひとりであるエレン・G・ホワイトが施設を設立し、1875年にケロッグ博士が雇われた。彼女は1865年のクリスマスにこの施設の「ビジョン」を見、それから7か月経たないうちにウエスタン・ヘルス・リフォーム・インスティテュートが現実のものとなった（のちにケロッグ博士がバトルクリーク療養所と改称した）。博士と、その妻で熟練した食事療法士のエラ・イートン・ケロッグは、エラの実験用台所で80以上の穀類とナッツ類の食品を作り出した。1898年に通信販売用に作り出した最初のフレークを、療養所で提供しているヌトレーン（滋養のある）・トースト、グラノース（グラノーラの）・ビスキュイ、ウィートズ（小麦の）・グルーエルといった他の製品の名称に合わせて、サニタス（衛生的な）・コーンフレークと名づけた。このトウモロコシ製品を市場に出して成功させたのは、博士の弟のW・K・（ウィル）・ケロッグだった。1906年、ウィルはバトルクリーク・トースティッド・コーンフレーク・カンパニーを開業し、世界最大のコーンフレーク製造会社となった。

●トウモロコシの菓子

「私を野球に連れてって」（1908年）は、ジャック・ノーワースとアルバート・フォン・ティルザーが作ったいわゆるティン・パン・アレー・ソング［ティン・パン・アレーはニューヨークの当時楽譜出版社が集まっていた一画を指すが、今でいうポピュラー音楽を指す］だが、またたく間にアメリカンベースボールの非公式な賛歌になった。だが、ふたりはこの歌詞を書くまで一度も野球場に行ったことはなかったそうだ。伝統的に、野球ファンはこの歌を7回表が終わると合唱し、ときには「ホームチーム」という歌詞を、その球場のチームの名前に入れ替えて歌う。合唱には別の名前が使われることもある。初期の大量生産のスナックの名前を入れれば、確実に無料広告になる。その歌詞はこういうものだ。

私を野球に連れてって
大観衆のところに連れてって
ピーナッツとクラッカージャックを買ってね
もう家に帰れなくてもかまわない
さあ、ホームチームを応援しよう
勝てないなんて許せない
ワン、ツー、スリー・ストライクでバッター・アウト
昔ながらの野球の試合で[14]

アンドルー・F・スミスの『ポップド・カルチャー *Popped Culture*』[15]によると、ドイツ移民のフレデリック・ウィリアム・ルエックハイムは、1871年の壊滅的な大火事のあと、シカゴの建設現場の労働者にポップコーンを売った。1年後、フレデリックの兄のルイが一緒に商売をする

ようになった。ふたりはさまざまな甘味料やナッツ、マシュマロなどの食品の組み合わせを試した。1893年のシカゴ万国博覧会には推定2700万人が訪れ、兄弟はポップコーンと糖蜜、ローストナッツで作った菓子を販売したが、ほどなくナッツの代わりに安価なピーナッツを使うことにした。

「クラッカージャック」という名前がついた経緯についてはさまざまな説がある。おそらく最も確からしいのは、販売員のジョン・バーグが、この菓子を試食している最中に「これはクラッカージャックだ」と叫んだというものだ。[16] これは「絶品の」とか「第1級の」という意味の俗語だ。「クラッカージャック」という名前は1896年に商標登録された。広告には「食べれば食べるほど食べたくなる」というキャッチコピーが使われた。当時この商品は大人気となり、会社は毎日4トン半を製造した。ニューヨークでは1896年5月に、貨物列車14台分のクラッカージャックが販売されたという。「私を野球に連れてって」の作者が、ピーナッツと同じくらいクラッカージャックに慣れ親しんでいたとしても驚くにはあたらない。1913年には、クラッカージャックは世界最大の販売量を誇る菓子になっていた。1970年には、アメリカの41パーセントの家庭がこの菓子を購入した。

だが、この菓子にライバルが現れた。ひとつは1905年に特許を取得したハンキー・ドリーで、材料はポップコーン、ピーカン、クリーム、チョコレートだ。もうひとつは、遅くとも1910年には存在していたニュー・ウィンクルで、ポップコーン、ピーナッツ、ココナッツ、糖蜜、砂糖、コーンシロップからできている。３つめは、１９１０年にポップコーンとキャラメルから作られたチャムスだ。先駆者であるクラッカージャックにならって、チャムスにもおまけのおもちゃがついていた。19世紀半ばには、クラッカージャックに先んじてトウモロコシの菓子は家庭で作られたり市販されたりしていたが、それはポップコーンにハチミツ、メープルシロップ、湯で溶いた砂糖、糖蜜をからめたもので、ポップコーン・ボールと呼ばれた。

もうひとつはポップコーン・ブリックで、ポップコーンと湯で溶いた黒砂糖を混ぜ、薄く押しかためた菓子だ。１９６０年代に競い合ったポップコーン菓子には、他にフィドル・ファドルやスクリーミング・イエロー・ゾンカーズがある。後者はコーシャー（ユダヤ教の戒律に従った食品）だが、乳製品が使われ、クラッカージャックと違ってナッツは入っていない。

キャンディコーン［トウモロコシの粒を模した３色の甘いキャンディ］も商業的に成功した。１８８０年代に最初にこの製品を売り出した功績は、フィラデルフィアのウンデルレ・キャンディ・カンパニーのものだ。ゴーリッツ製菓会社は現在のジェリーベリー・キャンディ社だが、19世紀末にキャンディの製造を開始した。社ではこの菓子を「鶏の餌」と呼び、箱に色鮮やかな雄鶏のロゴマークを付け、「コケコッコーと鳴いてほしがるだけの価値はある」というキャッチフレーズを添えた。本物のトウモロコシの粒のように見せるために、幅の広い底は黄色、先細りになる中央部分はオレンジ色、先端は白になっている。会社は毎年およそ３５００万ポンド（約１・６万トン）を販売している。

キャンディコーンの日は10月30日だ。ハロウィン用商品も販売するが、特別な休日にふさわしい色の商品も製造している。感謝祭の「インディアンコーン」は茶色、オレンジ色、白で、「トナカイのコーン」はクリスマスを祝うために底が赤、中央が緑になっている。「キューピッド・コーン」はバレンタインデーに合わせて底が赤、中央がピンクという具合だ。生産数が毎年90億粒と聞くと、この菓子が絶大な人気を得ていることがわかるが、キャンディコーンには中傷する者もいて、ワースト・ハロウィン・キャンディのリストでは上位にランクインしている。

トウモロコシには少なくとも７０００年におよぶ開発と栽培の歴史がある。旧世界からの訪問者が新世界で発見してから、急速に世界中に広まった。トウモロコシは世界の主要穀物となり、何千種類もの製品に使用され、10億人以上の人々の主食となっている。

さて、プリンの味は食べてみないとわからない［「論より証拠」と同様の意味をもつことわざ］。そろそろトウモロコシ料理のたくさんのレシピの中からいくつか紹介するとしよう。

謝辞

私はマイアミ大学スペイン語・ポルトガル語学科名誉教授ラモン・ラエラに、中南米におけるトウモロコシの歴史研究に導いていただいたことに恩義を感じている。ラモンの妻ジョー(ジュアニ)・ラエラには、チリ式コーンパイ、パステル・デ・チョクロのレシピを教えてもらったことに感謝している。バーバラ・ワイルドにも、メキシコのトウモロコシ料理の写真を撮ってくれて、その写真を寛大にも本書のために提供してくれたことに感謝したい。また、オレゴン大学民俗学課程ダニエル・ヴォイチク教授には、本書の原稿を綿密に読み、内容に関して多数の示唆をいただいたおかげで、本書の質が大きく向上したことに感謝の意を表したい。マルチェロとローラ・ラエラには、本書の図を出版に適したものにするために、技術的芸術的に尽力してくれたことにとても感謝している。また、多数の料理に関して準備を進める際に協力してくれたことにも深く感謝している。ふたりのおかげで、うんざりするような作業も楽しいものになった。私の息子のデイビッドとその妻クロエ、その息子たちレイとセバスチャンには特別に感謝を捧げたい。私の人生の最も楽しい時間は、彼らとともにテーブルを囲んでいるときだ。最後に、妻のジェニーに感謝したい。本書に関して編集者の目で意見を述べ、ユーモアを忘れず、絶えず支えてくれただけでなく、ふたりの食事の時間をいつもすばらしいものにしてくれた。

訳者あとがき

本書『トウモロコシの歴史 *Corn: A Global History*』は、イギリスのReaktion Booksが刊行している The Edible Series の一冊で、このシリーズは２０１０年、料理とワインに関する良書を選定するアンドレ・シモン賞の特別賞を受賞しました。

著者のマイケル・オーウェン・ジョーンズは１９４２年生まれ。カリフォルニア大学ロサンゼルス校名誉教授であり、民俗学を中心に、長年にわたり幅広い分野で研究を続けています。

トウモロコシはジャガイモ、トウガラシ、トマトなどと同様、大航海時代に新大陸からヨーロッパへ伝わりました。そして、ヨーロッパから、アフリカ、アジアへと伝わるうちに、驚くほどバラエティに富んだ料理が生まれました。本書では、料理だけでなく、コーンフレークなどの加工食品、さらにウイスキーや密造酒についても、興味深いエピソードをまじえて紹介しています。

トウモロコシといえば日本人がまず思い浮かべるのは、焼きトウモロコシの醤油のにおいではないでしょうか。トウモロコシは天正年間（１５７３〜１５９２年）に、南蛮貿易によって日本へ伝わりました。江戸時代にはすでに「ナンバンキビ」「トウキビ」などと呼ばれて各地で栽培されていたようですが、本格的に広まったのは明治時代になってからと言われています。現在日本は世界最大のトウモロコシの輸入国で、そのほとんどは家畜の飼料に使われています。

トウモロコシの活用をめぐる長い歴史を知ると、トウモロコシをアルカリ水で処理するニシュタマリゼーションをはじめ、アメリカ先住民の知恵にはあらためて驚嘆するばかりです。イギリス人が新大陸へ移住した際には、トウモロコシは彼らの生命を維持する重要な役割を果たしました。厳しい自然環境で農作物が収穫できるようになるまで、先住民は彼らにさまざまな援助をしたのですが、その貢献は報われず、多くの悲劇が生まれました。序章に「入植者にトウモロコシを運ぶポカホンタス」の絵がありますが、彼女の人生もそのひとつと言えるでしょう。ディズニー映画にもなりましたので、その名をご存じの方もあるでしょうが、簡単に説明を加えておきたいと思います。

ポカホンタスは16世紀末にポウハタン族の酋長の娘として生まれ、本名をマトアカといいました。ポカホンタスは「遊び好きの戯れる少女」を意味する愛称です。イギリス人はポウハタン族との交渉を有利に進めるために彼女を捕虜にし、英語を教え、キリスト教の洗礼を受けさせました。現在も合衆国連邦議会議事堂には、「ポカホンタスの洗礼」の絵が飾られています。

彼女はヴァージニアでイギリス人男性と結婚しますが、それは先住民と白人の融和という政治的意図ゆえのものであり、愛のない結婚だったようです。夫とともにイギリスに招かれ、国王ジェームズ1世に「アメリカ先住民の王女」として拝謁すると一躍注目の的になり、多くの絵画や逸話が生まれました。その後夫とともにヴァージニアへ戻る途中、イギリスのケント州で20代前半の若さで病没しました。

彼女の死後、ヴァージニアの入植請負人ジョン・スミスが手記を発表します（映画では彼女の初恋の人とされていますが、年齢的にも事実とは異なるようです）。スミスがポウハタン族に処刑されかけたとき、彼女が勇敢に命を救った、あるいは飢餓に瀕した入植者の元にトウモロコシを届けたなど、数々の逸話が伝えられていますが、スミスの創作の可能性が高いと言われています。

時代の波に翻弄され、短い生涯を終えたポカホンタスですが、彼女のひとり息子は子孫を残し、「赤い（赤膚《あかはだ》の）ボーリング一族 Red Bollings」と呼ばれてアメリカ屈指の名家となりました。レーガン元大統領夫人のナンシー・レーガンをはじめ、著名人を輩出しています。

トウモロコシを見かけたとき、本書に登場したさまざまな人たちの人生に思いをはせていただけたら幸いです。


最後になりましたが、本書の翻訳にあたり、原書房の中村剛さん、オフィス・スズキの鈴木由紀子さんから多大なご助力をいただきました。心よりお礼を申し上げます。

２０１８年７月

元村まゆ

写真ならびに図版への謝辞

図版の提供と掲載を許可してくれた関係者にお礼を申し上げる。

Art Institute of Chicago: p. 18; photo Stephen Ausmus/United States Department of Agriculture: p. 122; photos author: pp. 89, 91, 104, 105, 128; photos Scott Bauer/United States Department of Agriculture: pp. 54, 81; from Theodor de Bry, *Wunderbarliche, doch warhafftige Erklärung, von der Gelegenheit vnd Sitten der Wilden in Virginia . . .* (Frankfurt, 1590): p. 25; collection of the author: pp. 10上, 10下, 30, 34, 36, 37, 38, 52, 61, 66, 70, 71, 83, 100, 118, 119, 133, 140, 141, 143, 147; from *Harper's New Monthly Magazine*, vol. VIII, no. 74 (July 1856): pp. 35, 73, 76; photos Carol M. Highsmith/Library of Congress Prints and Photographs Division, Washington, DC: pp. 146, 149; photo University of Iowa Libraries, Iowa City, Iowa: p. 151; photo John Carter Brown Library, Brown University, Providence, RI: p. 16; photos Library of Congress, Washington, DC: pp. 14, 44, 48, 110, 116; photo Martin Langer/Greenpeace: p. 124; Musée du Quai Branly, Paris: p. 19; photo National Archives and Records Administration, Washington, DC: p. 51; photo New York Public Library (Astor, Lenox and Tilden Foundations): p. 9; photo Randall Rischieber/Dublin Arts Council: p. 150; photo Keith Weller/United States Department of Agriculture: p. 31; photos Barbara Wilde: pp. 26, 40, 57, 80.

Paulina Zet_Vered Hasharon, the copyright holder of the image on p. 69 has published it online under conditions imposed by a Creative Commons Attribution-Share Alike 2.0 Generic License; Sailko, the copyright holder of the image on p. 19 and CEphoto, Uwe Aranas, the copyright holder of the image on p. 64, have published them online under conditions imposed by a Creative Commons Attribution-Share Alike 3.0 Generic License.

Milioni, Stefano, *Columbus Menu: Italian Cuisine after the First Voyage of Christopher Columbus, 1492-1992* (New York, 1992)

Simpson, Pamela H., 'A Vernacular Recipe for Sculpture - Butter, Sugar, and Corn', *American Art*, XXIV/1 (2010), pp. 23-6

Smith, Andrew F., *Popped Culture: A Social History of Popcorn in America* (Washington, DC, 2001)

Smith, C. Wayne, Javier Betrán and E.C.A. Runge, *Corn: Origin, History, Technology, and Production* (Hoboken, NJ, 2004)

Stavely, Keith, and Kathleen Fitzgerald, *America's Founding Food: The Story of New England Cooking* (Chapel Hill, NC, 2004)

Tedlock, Dennis, trans., *Popol Vuh: The Mayan Book of the Dawn of Life* (New York, NY, 1996)

Timmer, C. P., *The Corn Economy of Indonesia* (Ithaca, NY, 1987)

Warman, Arturo, *Corn and Capitalism: How a Botanical Bastard Grew to Global Dominance*, trans. Nancy L. Westrate (Chapel Hill, NC, 2003)

Wright, Muriel H., 'American Indian Corn Dishes', *Chronicles Of Oklahoma*, XXXVI (1958), pp. 155-66

Weatherwax, P., *Indian Corn in Old America* (New York, 1954)

Yoder, Don, 'Pennsylvanians Called It Mush', *Pennsylvania Folklife*, XIII (1962), pp. 27-49

参考文献

Anderson, E. N., *The Food of China* (New Haven, CT, 1988)

Bonavia, Duccio, *Maize: Origin, Domestication, and Its Role in the Development of Culture*, trans. Javier Flores Espinoza (New York, 2013)

Brandes, Stanley, 'Maize as a Culinary Mystery', *Ethnology*, vol. 31 (1992), pp. 331-6

Bratspies, Rebecca M., 'Consuming (F)ears of Corn: Public Health and Biopharming', *American Journal of Law and Medicine*, XXX (2004), pp. 371-404

Burtt-Davy, Joseph, Maize: *Its History, Cultivation, Handling, and Uses with Special Reference to South Africa: A Text-book for Farmers, Students of Agriculture, and Teachers of Nature Study* (London and New York, 1914)

Carson, Gerald, *Cornflake Crusade* (New York, 1957)

Clampitt, Cynthia, *Midwest Maize: How Corn Shaped the U.S. Heartland* (Champaign, IL, 2015)

Dowswell, C., R. L. Paliwal and R. P. Cantrell, *Maize in the Third World* (Boulder, CO, 1996)

Ferris, Marcie Cohen, *The Edible South: The Power of Food and the Making of an American Region* (Chapel Hill, NC, 2014)

Fussell, Betty Harper, *The Story of Corn* (New York, 1992)

Gutierrez, Sandra A., *Latin American Street Food: The Best Flavors of Markets, Beaches, and Roadside Stands from Mexico to Argentina* (Chapel Hill, NC, 2013)

Harrington, M. R., 'Some Seneca Corn-foods and Their Preparation,' *American Anthropologist*, X (1908), pp. 575-90

Hilliard, Samuel B., *Hog Meat and Hoecake: Food Supply in the Old South, 1840-1860* (Carbondale, IL, 1972)

Johannessen, S., and C. A. Hastorf, *Corn and Culture in the Prehistoric New World* (Boulder, CO, 1994)

Kiple, Kenneth F., and Kriemhild Coneè Ornelas, *The Cambridge World History of Food*, vols I and II (Cambridge and New York, 2001) [『ケンブリッジ世界の食物史大百科事典(全5巻)』石下直道他監訳/朝倉書店/2005年]

McCanne, James C., *Maize and Grace: Africa's Encounter with a New World Crop, 1500-2000* (Cambridge, MA, 2005)

レシピ集

歴史的なレシピ

◉ジョニーケーキ（またはホーケーキ）

アメリア・シモンズ著『アメリカの料理 *American Cookery*』（1798年）より。

1. 1パイント（約500*cc*）の牛乳を沸点近くまで温め，インディアン・ミール3パイント（約1500*cc*），小麦粉半パイント（約250*cc*）を混ぜたものに加え，暖炉の前で焼く。
2. あるいは，インディアン・ミールとその⅔量の牛乳を混ぜて沸点近くまで温め，あるいは⅔量のインディアン・ミールを熱湯で湿らせ，塩，糖蜜，ショートニングを加え，少しずつ冷たい水を加えてかたい生地を作り，焼く。

……………………………………………

◉ゆでたトウモロコシを温かいまま保存する方法

リンダ・デザイア・ジェニングス著『ワシントン州の女性のための料理本 *Washington Women's Cook Book*』（1909年）より。

戸外での食事やピクニックのためにゆでたトウモロコシを温かいまま保存するには，皮付きのままゆでると温かさが持続するだけでなく，最も甘くおいしい。
――アルマ・A・ウィリアムズ夫人，マウント・バーノン（バージニア州）

……………………………………………

◉パスティチオ・ディ・ポレンタ（コーンミールのローフ）

バーサ・M・ウッド著『健康に関連した外国生まれの食品 *Foods of the foreign-born in Relation to Health*』（1922年）より。

イエローコーンミール…1カップ
乾燥マッシュルーム…4個
パルメザンチーズ…½カップ
バター…大さじ2
クリーム…大さじ1
塩…大さじ2

1. 料理を出す前日にコーンミールをひたひたの水に入れ，かなりかたくなるまでしっかり煮てから，深い皿に入れて冷ましておく。
2. 翌日その皿をひっくり返して中身を出し，同じ皿にバターを塗ってパン粉を振りかける。
3. 乾燥マッシュルームに熱湯をかけ，

しばらく水に浸しておく。

4. コーンミールのかたまりを，厚さ6ミリぐらいになるように切り分ける。
5. いちばん上のスライスを皿の底に敷き，バターの小片2〜3個と，乾燥マッシュルームを3〜4個散らす。
6. クリームを入れて生地を湿らせ，その上にパルメザンチーズを振りかける。
7. その上につぎのスライスを載せ，同じことを繰り返して形を整える。最後のスライスの上にはバター2片だけを散らす。
8. 適度に温めたオーブンに入れ，3時間焼く。焼き上がる頃には上部に多量の汁が出ているが，それは別の容器に取っておき，スパゲッティや米，麺など他の料理の味つけに使うとよい。汁が出てこなくなるまで焼く。

……………………………………………

◉メキシカン・エンチラーダ〔ブルーコーンミールを使う〕

キャリー・V・シューマン編纂『お気に入りの料理 *Favorite Dishes*』（1893年）より。

1. エンチラーダ用のトルティーヤを作る。1クオート（約1リットル）のブルーコーンミールを水，塩と混ぜてかたい生地を作り，平たい円形に伸ばしたものを，熱した丸い金属板で焼く。
2. チリソースを作る。ぬるま湯1カップと粉末トウガラシ大さじ3を沸騰させて濃度がつくまで煮詰める。
3. トルティーヤの具を作る。チーズをすりおろし，タマネギを細かいみじん切りにする。ラードを煮立てた鍋の中にトルティーヤを1枚浸ける。つぎにトルティーヤをチリソースに浸け，最初にチーズ，つぎにタマネギの順に具を散らす。それからスプーン1杯のチリソースをかけ，ケーキのようにいくつかの層を重ねていく。その上にまたチリソースをかける。ケーキのように切り分けて熱いうちに供する。――フランク・ルース・オルブライト夫人

……………………………………………

◉ハニーコーンケーキ

フローレンス・クライスラー・グリーンボーム著『さまざまな国のユダヤ料理の本 *International Jewish Cook Book*』（1918年）より。

1. 1ポンド（約450*g*）の純粋ハチミツを沸騰させる。
2. 1ポンドのコーンミールと少量のオールスパイス，クローブ，コショウの粉末を混ぜ，ぐつぐつ煮えているハチミツに加えてゆるい生地を作る。
3. ワイングラス1杯分のブランデーを加え，全体をよく混ぜて冷やす。
4. 手を水で濡らし，生地をこねる。生地が手につかなくなったら精白小麦粉を加えてさらにこねるが，あまりかたくならないようにする。

5. 1ポンドのきざんだナッツを加え，金型に小麦粉を振りかける。生地をあまり薄くならないように広げる。
6. 料理用ストーブの扉は開けておき，生地が膨らんだら閉め，焼き上がったら取り出す。表面にブランデーを塗り，薄く切り分ける。

現代のレシピ

◉スアム・ナ・メイズ（フィリピンのコーンスープ）

（4人分）
トウモロコシ3本分の粒を切り落としたもの，または冷凍のトウモロコシ1½カップ（175g）
オイル…大さじ1
ニンニクのみじん切り…1片
タマネギ（中）の薄切り…½個
細かく切った鶏もも肉…3個
減塩しょうゆ…小さじ2
減塩チキンスープ…6カップ（1.4リットル）
塩・コショウ…少々
カットしたホウレンソウ…1カップ（30g）

1. トウモロコシの穂軸を半分に切り，切り口を下にして立てて粒を軸から切り落とす。ナイフの背を使い，ミルクのような汁も軸からボウルにこそげ落とす。
2. 鍋にオイルを入れて中火で熱し，ニンニクとタマネギを入れ，しんなりするまで約5分炒める。
3. 鶏肉を加え，時々かき混ぜながら肉汁が透明になるまで，5～7分炒める。
4. しょうゆを加えてさらに1～2分炒めたら，チキンスープを入れて煮立たせる。
5. トウモロコシと汁を加えたら，弱火にして2～3分かき混ぜる。
6. 塩とコショウで味をととのえ，火から下ろしてホウレンソウを入れてよくかき混ぜる。

◉パステル・デ・チョクロ（チリのヒツジ飼いのパイ）

ジョー（ジュアニ）・ラエラ（ワシントン州スポーケン）によるレシピ。

このチリの料理は，伝統的に陶器の器でひとり分ずつ供されるが，3～4リットルのキャセロールを使うこともある。この料理のおもな材料は3つ。ひとつはピノと呼ばれる，牛ひき肉とタマネギを炒めて，その上に黒オリーブとかたゆで卵のスライスを載せたもの。ふたつ目は，鶏肉のぶつ切りを焼いたもの（できれば骨のないものがよい），3つ目はトウモロコシ，牛乳，生バジルを混ぜたもので，最後に上からかける。

牛ひき肉とタマネギを混ぜたものは，

前日に作っておいてもいい。チリのトウモロコシはアメリカのスイートコーンよりはフィールドコーンに近く，一般に粘り気が多い。それを補うために牛乳を加えるが，料理中に必要になれば，ポレンタ（コーンミール）を使ってとろみを出す。

[ピノの材料]

牛ひき肉…900g

タマネギのみじん切り…3個分

ニンニク…2片を細かいみじん切りにする。

パプリカ…小さじ3

オレガノ…小さじ1½

クミン…小さじ2

小麦粉（お好みで）…大さじ2

水またはスープストック（お好みで）…½カップ（120ml）

ゆで卵…2個（1個を4等分にする）

レーズン

黒オリーブ

[ピノの作り方]

1. タマネギとニンニクを透明になるまで炒める。
2. 牛ひき肉とスパイスを加え，ひき肉が色づくまで炒める。
3. 炒めたときに汁がたくさん出たら，小麦粉を水で溶いたものを加えて，とろみが出るまでかき混ぜる。
4. レーズンと黒オリーブはあとで加える。

[鶏肉の材料]

鶏もも肉…6本分（好みの方法で火を通しておく）

[鶏肉の料理法]

鶏肉のぶつ切りはゆでても，直火で焼いても，オーブンで焼いてもよい。火を通すまえに味つけをしておく。この料理は鶏肉を器に入れる前に骨を取っておいたほうが食べやすくなる。鶏肉を小さく切らずに使うほうを好む人もいる。手羽元を使うのもよい。

[トウモロコシのソースの材料]

トウモロコシの穀粒…6カップ（700g）

生のバジルの葉…少々

牛乳…½～1カップ（120～240ml）

砂糖…大さじ1～2

バター…大さじ2

濃度をつけるのに必要であれば，ポレンタを少々。まず大さじ1～2を入れてようすを見る。

[トウモロコシのソースの作り方]

1. トウモロコシ，牛乳，砂糖，バジルをフードプロセッサーかミキサーに入れ，クリーム状にする。必要であればさらに牛乳を加える。
2. フライパンでバターを溶かし，1に加える。
3. 塩コショウで味をととのえる。
4. 全体にとろみがつき，トウモロコシに火が通って黄色になるまで煮る。
5. とろみを出すのに必要であれば，かき混ぜながら少しずつポレンタを加え

る。

[最後の仕上げ]
1. 4〜6個のひとり分のキャセロールか，ひとつの大きな耐熱皿に油を塗る。器に牛ひき肉の具を入れ，その上に半分に切ったオリーブ2個，レーズン3〜4粒，かたゆで卵1〜2片を載せる。
2. その上に鶏肉（お好みで骨を取り除いておく）を載せ，その上からトウモロコシのソースをかける。
3. 焦げ目をつけるためにグラニュー糖を少量振りかける。
4. 190℃のオーブンに入れ，表面がきつね色になるまで，およそ30分間焼く。表面に焦げ目をつけるために，最後の2〜3分は上火で焼く。熱々を供する。

………………………………………………

◉インドの屋台風コーンサラダ

（4人分）
トウモロコシの穂3本（外皮と絹糸は取り除いておく）あるいは冷凍のトウモロコシの粒を1½カップ（175*g*）
半分に切ったミニトマト…1カップ（225*g*）
細切りにした生のミントの葉…2本分
みじん切りにした生のコリアンダー…ひとつまみ
ライム果汁…大さじ3
カルダモンの粉末…小さじ ¼
カイエンヌペッパー…小さじ⅛
クミンの粉末…小さじ ¼
チャートマサラ…小さじ ¼
塩と黒コショウの粉末

1. 穂付きトウモロコシをゆでる場合，鍋に水を入れて沸騰したら火から下ろす。熱湯にトウモロコシを入れ，最低10分，最長でも25分で熱湯から取り出し，そのまま置いておく。
2. シェフナイフで穂から穀粒を大きなボウルに切り落とす。
3. トウモロコシにトマト，ミント，コリアンダーを加える。
4. ドレッシングを作る。ライム果汁，カルダモン，カイエンヌペッパー，クミン，チャートマサラ，塩，黒コショウを泡立て器で混ぜ，好みの味にととのえる。
5. ドレッシングの中に3を入れる。

………………………………………………

◉メキシコの屋台風穂付きトウモロコシの炭火焼き

この料理はスペイン語で「エローテ」と呼ぶ。

焼き網に塗る植物油
穂付きトウモロコシ…8本（外皮と絹糸は取り除いておく）
クレマ・メキシカーナ（またはクレームフレーシュ）…½カップ（120*ml*）
マヨネーズ…¼カップ（60*ml*）
コチジャ・チーズ（またはペコリーノ・ロマーノ）…¼カップ（30*g*）

チリパウダー…小さじ¾
植物油…大さじ1
食卓塩と粉末の黒コショウ
ライムをくし形に切ったもの（付け合わせ）

1. 炭火焼き用グリルの炭の下に丸めた新聞紙を入れ，火をつける。よく火がおこったら，炭の位置を適当に整える。グリルの上に金網を載せて5分ほど熱し，金網の上をこすってきれいにする。くしゃくしゃにしたコーヒーフィルターか丸めたペーパータオルを，トングを使って植物油に浸し，金網の上を軽くこすって油を引く。
2. グリルを温めている間に，クレマ・メキシカーナ（入手できないときはクレームフレーシュ），マヨネーズ，コチジャ・チーズ（またはペコリーノ・ロマーノ），チリパウダー小さじ¼を大きなボウルに入れて混ぜ合わせる。つぎに，別の大きなボウルに，オイル，塩，黒コショウ，チリパウダー小さじ½を入れて混ぜ合わせ，そこへトウモロコシを入れて，動かしながら全体にむらなくつける。
3. トウモロコシを金網の上に載せ，時折ひっくり返しながら全体に軽く焦げ目がつくまで，10分ほど焼く。トウモロコシを金網から取って，クレマ・メキシカーナが入ったボウルに入れ，動かしながら全体にむらなくつける。くし形に切ったライムを添えて供する。

注意：トウモロコシの外皮をむいて，軸から切り離さずに輪の形にすると，持ち手ができる。火で焼けないようにアルミホイルでカバーするとよい。

◉もちカリのコーンブレッド

中力粉…1カップ（120*g*）
コーンミール（白または黄色）…1カップ（160*g*）
重曹…小さじ½
ベーキングパウダー…小さじ1½
食卓塩…小さじ¾
冷凍トウモロコシ（解凍したもの）…1カップ（175*g*）
サワークリーム…1カップ（240*ml*）
卵（大）…2個
ハチミツ…大さじ1
ホットペッパーソース…小さじ¼
無塩バター（溶かしたもの）…大さじ4
または植物油かベーコンから出る油
植物油…大さじ1

1. 棚を中段に置いて，オーブンを260℃に予熱する。
2. 大きなボウルに小麦粉，コーンミール，重曹，ベーキングパウダー，塩を入れて混ぜ合わせる。
3. フードプロセッサーかミキサー，あるいはハンディタイプのブレンダーにトウモロコシ，サワークリーム，卵，ハチミツ，ホットペッパーソースを入れ，トウモロコシが粗みじんになり，

全体が混ざるまでかくはんする。

4. 3を2に入れて混ぜ合わせ，溶かしバターまたは植物油かベーコンの油を入れてよくかき混ぜる。
5. 鋳鉄製のフライパンに植物油大さじ1を塗り，予熱したオーブンに入れて，5分経ったらオーブンミトンかタオルを使って注意深く取り出す（フライパンのハンドルが熱くなっている）。
6. オーブンの温度を200℃に下げ，フライパンに4を流しこんでオーブンに入れる。
7. 20〜25分間焼いて，生地の中央につまようじを刺しても中身がつかなくなったら焼き上がっている。
8. 金網の上にフライパンを載せて，15分間冷ます。温かいうちに供する。

……………………………………………

◉クラウ・デ・ミーリョ（ブラジルのクリーミーなコーンプディング）

（6〜8人分）
生のトウモロコシ…6本
または冷凍トウモロコシ…3カップ（350*g*）
牛乳…1½カップ（360*ml*）
コンデンスミルク…½カップ（120*ml*）
砂糖…¾カップ（150*g*）
塩…ひとつまみ
溶かしバター…大さじ3
シナモンの粉末（最後に振りかける）

1. シェフナイフでトウモロコシの穀粒を穂からはずし，大きなボウルに入れる。ナイフの刃の先端を使って，穀粒の汁もボウルにこそぎ落とす。
2. 牛乳，コンデンスミルク，砂糖，塩，バターを加えてミキサーかフードプロセッサーに入れ，よくかくはんする。
3. 液体を厚手の片手鍋に移し，中火で温める。ぐつぐつ煮たってきたら火を弱める。
4. 時折かき混ぜながら，液体にとろみがつき，クリーミーになるまで15〜20分煮る。
5. できあがっているか確かめる。木のさじで鍋の底をこすり，表面にできた筋が数秒間元に戻らなかったら完成。
6. 鍋を火から下ろし，冷ましてからラミキン（円筒形の小ぶりの陶器容器）に入れて，シナモンの粉末を振りかける。温かいまま，あるいは冷やして供する。

……………………………………………

◉ブルーベリー・コーン・バターミルク・マフィン

（12個分）
中力粉…1¼カップ（150*g*）
イエローコーンミール…½カップ（60*g*）
きび砂糖…½カップ（100*g*）
ベーキングパウダー…小さじ2
塩…小さじ½
バターミルク…1カップ（240*ml*）
バニラエッセンス…小さじ2
溶かしバター…½カップ（110*g*）

卵（大）…1個（溶き卵用）
生または冷凍のブルーベリー…1カップ（100g）

1. オーブンを190℃に予熱しておく。
2. 12個のマフィン型に油を塗るか，紙カップを敷く。
3. 小麦粉，コーンミール，砂糖，ベーキングパウダー，塩を混ぜて，大きなボウルでふるいにかける。
4. 小さなボウルで，バターミルク，バニラエッセンス，バター，卵を混ぜる。
5. 4を3のボウルに入れ，小麦粉がしっとりするまで混ぜる（粒が残るくらいでよい）。
6. ブルーベリーを混ぜ合わせる。
7. 生地をスプーンですくってマフィン型に入れる。
8. オーブンに入れ，生地の中央につまようじを刺しても中身がつかなくなるまで，20～25分焼く。
9. 10分間そのまま置いてから，マフィン型をはずす。温かいうちに供する。

◉日本の海苔ポップコーン

もみ海苔…2枚分（普通の海苔を揉んで細かくしてもよい）
黒ゴマと白ゴマ…大さじ1
きび砂糖…大さじ1
塩…小さじ½
バター…大さじ2（お好みで）

1. 電子レンジかポップコーン・メーカー，あるいは鍋を使って，トウモロコシの穀粒をはじけさせる。
2. 海苔，ゴマ，砂糖，塩を挽いて細かい粉にする。
3. バターをかけたポップコーンにまぶして供する。
4. 砂糖の代わりにトウガラシを入れると，スパイシーなポップコーンが味わえる。

注

序章　口当たりが良く健康に良い珍味

（1）Benjamin Franklin, 'In Defense of Indian Corn', in *The Papers of Benjamin Franklin*, ed. Leonard W. Labaree (New Haven, CT, 1969), vol. XIII, p. 7.［『ハイアワサの歌』H・W・ロングフェロー著／三宅一郎訳／作品社／1993年］

第1章　トウモロコシの起源

（1）Henry Wadsworth Longfellow, 'The Song of Hiawatha' [1855], www.hwlongfellow.org, accessed 14 August 2015.

第2章　トウモロコシの実態

（1）See www.kshs.org, accessed 9 December 2015.
（2）Benjamin Franklin, 'Observations on Mayz, or Indian Corn', in *The Writings of Benjamin Franklin*, ed. Albert Henry Smyth (New York, 1970), vol. v, pp. 554-5.
（3）L. E. Grivetti, S. J. Lamprecht, H. J. Rocke and A. Waterman, 'Threads of Cultural Nutrition: Arts and Humanities', *Progress in Food and Nutrition Science*, XI/3-4 (1987), p. 269.
（4）Muriel H. Wright, 'American Indian Corn Dishes', Chronicles of Oklahoma, xxxvi (1958), p. 155.
（5）Charlotte I. Johnson, 'Navaho Corn Grinding Songs', *Ethnomusicology*, VIII/2 (May 1964), p. 102.
（6）Ibid., p. 108.
（7）Wright, 'American Indian Corn Dishes', p. 158.
（8）Ibid., p. 165.
（9）Ibid., p. 163.
（10）Frederick Webb Hodge, ed., *Handbook of American Indians North of Mexico: N-Z* (Washington, dc, 1910), p. 613.
（11）Eliza Leslie, *Miss Leslie's Complete Cookery: Directions For Cookery in its Various Branches* (Philadelphia, PA, 1851), p. 446.
（12）Keith Stavely and Kathleen Fitzgerald, *America's Founding Food: The Story of New*

England Cooking (Chapel Hill, NC, 2004), pp. 17-18.

(13) Sarah Rutledge, *The Carolina Housewife, or, House and Home: by a Lady of Charleston* (Charleston, SC, 1847), p. 28.

(14) C. Houston Goudiss and Alberta M. Goudiss, *Foods that will Win the War and How to Cook Them* (New York, 1918), p. 8.

(15) Ibid., p. 292.

(16) Ibid., p. 254.

第3章 トウモロコシの伝播

(1) Benjamin Keen, trans., *The Life of the Admiral Christopher Columbus By His Son Fernando* (New Brunswick, NJ, 1959), p. 70.

(2) Jean Andrews, 'Diffusion of Mesoamerican Food Complex to Southeastern Europe', *Geographical Review*, LXXXIII (1993), pp. 194-204.

(3) Joseph Burtt-Davy, *Maize: Its History, Cultivation, Handling, and Uses with Special Reference to South Africa: A Text-book for Farmers, Students of Agriculture, and Teachers of Nature Study* (London and New York, 1914), p. vi.

(4) www.ansonmils.com参照。ポレンタの最大記録は，2010年にイタリアのベルーノ県フェルトレでポレントッサによって作られた1193.9キロだ。この地方では、とくに下層階級の間でポレンタが主食となっている。だが，この記録は翌年，カナダのオンタリオ州ウィンザーで開催されたポレンタフェストにおいて破られた。2789.6キロの巨大なコーンミールのかたまりを煮るには，12人が3メートルの木製のオールを持ってかき混ぜなければならなかった。

(5) John Gerarde, *The Herball, or, Generall Historie of Plantes* (London, 1636), p. 83.

(6) Benjamin Franklin, 'Observations on Mayz, or Indian Corn', in *The Writings of Benjamin Franklin*, ed. Albert Henry Smyth (New York, 1970), vol. v, p. 553.

(7) Keith Stavely and Kathleen Fitzgerald, *America's Founding Food: The Story of New England Cooking* (Chapel Hill, NC, 2004).

(8) Samuel B. Hilliard, *Hog Meat and Hoecake: Food Supply in the Old South, 1840-1860* (Carbondale, IL, 1972), p. 49.

第4章 トウモロコシ料理の数々

(1) R. P. Baker, 'The Poetry of Jacob Bailey, Loyalist', *New England Quarterly*, II/1 (1929), p. 68.

(2) Ibid., p. 69.
(3) Keith Stavely and Kathleen Fitzgerald, *America's Founding Food: The Story of New England Cooking* (Chapel Hill, NC, 2004), p. 43.
(4) Don Yoder, 'Pennsylvanians Called It Mush', *Pennsylvania Folklife*, XIII (1962), pp. 27-49.
(5) Lydia M. Child, *The American Frugal Housewife*, 12th edn (New York, 1832), p. 144.
(6) Yoder, 'Pennsylvanians Called It Mush', p. 35.
(7) Benjamin Franklin, 'Observations on Mayz, or Indian Corn', in *The Writings of Benjamin Franklin*, ed. Albert Henry Smyth (New York, 1970), vol. V, p. 554.
(8) Fulmer Mood, 'John Winthrop, Jr., on Indian Corn,' *The New England Quarterly*, X/1 (1937), p. 130.
(9) Charles Wm. Day, *Hints on Etiquette and the Usages of Society; with a Glance at Bad Habits* (Boston, MA, 1844), pp. 42-43.
(10) Amelia Simmons, *American Cookery* (Hartford, CT, 1798), p. 26.
(11) Anon., *Annual Reports of the War Department for the Fiscal Year Ended June 30, 1906*, vol. VIII, Report of the Philippine Commission, pt 2 (Washington DC, 1907), p. 675.
(12) Samuel Hazard, *Santo Domingo, Past and Present, with a Glance at Hayti* (New York, 1873), pp. 12-13.
(13) Duccio Bonavia, *Maize: Origin, Domestication, and Its Role in the Development of Culture*, trans. Javier Flores Espinoza (New York, 2013).
(14) Joyce Wadler, 'Chew It Up, Spit It Out, Then Brew. Cheers!', www.nytimes.com, 9 September 2009.
(15) Melissa Block, '"Queen of the Mountain Bootleggers" Maggie Bailey', www.npr.org, 8 December 2005.

第5章　トウモロコシをめぐる論争

(1) David Lazarus, 'FDA Strikes a Sour Note for Corn Sweetener Makers', http://articles.latimes.com, 5 June 2012.
(2) Stephen Ceasar, 'The Difference between Sugar and High Fructose Corn Syrup? Jurors Will Decide', www.latimes.com, 4 November 2015.
(3) Rebecca M. Bratspies, 'Consuming (F)ears of Corn: Public Health and Biopharming', *American Journal of Law and Medicine*, 30 (2004), pp. 371-404.

第6章　トウモロコシの祝祭

(1) www.ncga.com 参照。2016年2月21日にアクセス。
(2) William Bartram, *Bartram's Travels* (Philadelphia, PA, 1791), p. 509.
(3) John Howard Payne, 'The Green-corn Dance', *The Continental Monthly*, I/1 (January 1862), p. 28.
(4) Ibid., p. 20.
(5) Ibid., p. 24.
(6) Ibid., p. 26.
(7) Ibid., p. 29.
(8) Arthur Harris, 'A Corn Carnival', *The Strand Magazine: An Illustrated Monthly*, XV/88 (April 1898), p. 373.
(9) Ibid., p. 375.
(10) Ibid., p. 376.
(11) Ibid., pp. 377-8.
(12) Pamela H. Simpson, 'A Vernacular Recipe for Sculpture - Butter, Sugar, and Corn', *American Art*, XXIV/1 (Spring 2010), p. 25.
(13) www.neststate.com 参照。2016年2月16日にアクセス。
(14) www.baseball-almanac.com 参照。2016年2月9日にアクセス。
(15) Andrew F. Smith, *Popped Culture: A Social History of Popcorn in America* (Washington, DC, 2001).
(16) Ibid., p. 85.

マイケル・オーウェン・ジョーンズ（Michael Owen Jones）
カリフォルニア大学ロサンゼルス校名誉教授。長年にわたる民俗学を中心とした研究で功績を残し，『Craftsman of the Cumberlands: Tradition and Creativity（イングランド／カンバーランドの職人たち——伝統と創造）』（1989年），『Hand Made Object and Its Maker（手作り椅子と職人）』（1975年）をはじめ著書も多い。

元村まゆ（もとむら・まゆ）
同志社大学文学部卒業。翻訳家。訳書にアーディ・S・クラーク『Sky People』（ヒカルランド），スコット・カニンガム『魔女の教科書　ソロのウイッカン編』（パンローリング）などがある。

「食《しよく》」の図書館《としよかん》

トウモロコシの歴史《れきし》

●

2018年7月20日　第1刷

著者……………マイケル・オーウェン・ジョーンズ

訳者……………元村《もとむら》まゆ

装幀……………佐々木正見

発行者……………成瀬雅人

発行所……………株式会社原書房

〒160-0022 東京都新宿区新宿1-25-13

電話・代表03(3354)0685

振替・00150-6-151594

http://www.harashobo.co.jp

印刷……………新灯印刷株式会社

製本……………東京美術紙工協業組合

ISBN 978-4-562-05557-9, Printed in Japan

パンの歴史 《「食」の図書館》

ウィリアム・ルーベル／堤理華訳

変幻自在のパンの中には、よりよい食と暮らしを追い求めてきた人類の歴史がつまっている。多くのカラー図版とともに読み解く人とパンの6千年の物語。世界中のパンで作るレシピ付。

２０００円

カレーの歴史 《「食」の図書館》

コリーン・テイラー・セン／竹田円訳

「グローバル」という形容詞がふさわしいカレー。インド、イギリス、ヨーロッパ、南北アメリカ、アフリカ、アジア、日本など、世界中のカレーの歴史について豊富なカラー図版とともに楽しく読み解く。

２０００円

キノコの歴史 《「食」の図書館》

シンシア・D・バーテルセン／関根光宏訳

「神の食べもの」か「悪魔の食べもの」か？　キノコ自体の平易な解説はもちろん、採集・食べ方・保存、毒殺と中毒、宗教と幻覚、現代のキノコ産業についてまで述べた、キノコと人間の文化の歴史。

２０００円

お茶の歴史 《「食」の図書館》

ヘレン・サベリ／竹田円訳

中国、イギリス、インドの緑茶や紅茶のみならず、中央アジア、ロシア、トルコ、アフリカまで言及した、まさに「お茶の世界史」。日本茶、プラントハンター、ティーバッグ誕生秘話など、楽しい話題満載。

２０００円

スパイスの歴史 《「食」の図書館》

フレッド・ツァラ／竹田円訳

シナモン、コショウ、トウガラシなど５つの最重要スパイスに注目し、古代～大航海時代～現代まで、食はもちろん経済、戦争、科学など、世界を動かす原動力としてのスパイスのドラマチックな歴史を描く。

２０００円

（価格は税別）

ウイスキーの歴史《「食」の図書館》
ケビン・R・コザー／神長倉伸義訳

ウイスキーは酒であると同時に、政治であり、経済であり、文化である。起源や造り方をはじめ、厳しい取り締まりや戦争などの危機を何度もはねとばし、誇り高い文化にまでなった奇跡の飲み物の歴史を描く。　２０００円

豚肉の歴史《「食」の図書館》
キャサリン・M・ロジャーズ／伊藤綺訳

古代ローマ人も愛した、安くておいしい「肉の優等生」豚肉。豚肉と人間の豊かな歴史を、偏見／タブー、労働者などの視点も交えながら描く。世界の豚肉料理、ハム他の加工品、現代の豚肉産業なども詳述。　２０００円

サンドイッチの歴史《「食」の図書館》
ビー・ウィルソン／月谷真紀訳

簡単なのに奥が深い…サンドイッチの驚きの歴史！「サンドイッチ伯爵が発明」説を検証する、鉄道・ピクニックとの深い関係、サンドイッチ高層建築化問題、日本の総菜パン文化ほか、楽しいエピソード満載。　２０００円

ピザの歴史《「食」の図書館》
キャロル・ヘルストスキー／田口未和訳

イタリア移民とアメリカへ渡って以降、各地の食文化に合わせて世界中に広まったピザ。本物のピザとはなに？世界中で愛されるようになった理由は？　シンプルに見えて実は複雑なピザの魅力を歴史から探る。　２０００円

パイナップルの歴史《「食」の図書館》
カオリ・オコナー／大久保庸子訳

コロンブスが持ち帰り、珍しさと栽培の難しさから「王の果実」とも言われたパイナップル。超高級品、安価な缶詰、トロピカルな飲み物など、イメージを次々に変えて世界中を魅了してきた果物の驚きの歴史。　２０００円

（価格は税別）

リンゴの歴史　《「食」の図書館》

エリカ・ジャニク著　甲斐理恵子訳

エデンの園、白雪姫、重力の発見、パソコン…人類最初の栽培果樹であり、人間の想像力の源でもあるリンゴの驚きの歴史。原産地と栽培、神話と伝承、リンゴ酒（シードル）、大量生産の功と罪などを解説。　２０００円

ワインの歴史　《「食」の図書館》

マルク・ミロン著　竹田円訳

なぜワインは世界中で飲まれるようになったのか？　８千年前のコーカサス地方の酒がたどった複雑で謎めいた歴史を豊富な逸話と共に語る。ヨーロッパからインド／中国まで、世界中のワインの話題を満載。　２０００円

モツの歴史　《「食」の図書館》

ニーナ・エドワーズ著　露久保由美子訳

古今東西、人間はモツ（臓物以外も含む）をどのように食べ、位置づけてきたのか。宗教との深い関係、高級食材でもあり貧者の食べ物でもあるという二面性、食料以外の用途など、幅広い話題を取りあげる。　２０００円

砂糖の歴史　《「食」の図書館》

アンドルー・Ｆ・スミス著　手嶋由美子訳

紀元前八千年に誕生したものの、多くの人が口にするようになったのはこの数百年にすぎない砂糖。急速な普及の背景にある植民地政策や奴隷制度等の負の歴史もふまえ、人類を魅了してきた砂糖の歴史を描く。　２０００円

オリーブの歴史　《「食」の図書館》

ファブリーツィア・ランツァ著　伊藤綺訳

文明の曙の時代から栽培され、多くの伝説・宗教で重要な役割を担ってきたオリーブ。神話や文化との深い関係、栽培・搾油・保存の歴史、新大陸への伝播等を概観、また地中海式ダイエットについてもふれる。　２２００円

（価格は税別）

トリュフの歴史《「食」の図書館》
ザッカリー・ノワク著　富原まさ江訳

かつて「蛮族の食べ物」とされたグロテスクなキノコはいかにグルメ垂涎の的となったのか。文化・歴史・科学等の幅広い観点からトリュフの謎に迫る。フランス・イタリア以外の世界のトリュフも取り上げる。2200円

ブランデーの歴史《「食」の図書館》
ベッキー・スー・エプスタイン著　大間知知子訳

「ストレートで飲む高級酒」が「最新流行のカクテルベース」に変身…再び脚光を浴びるブランデーの歴史。蒸溜と錬金術、三大ブランデーの歴史、ヒップホップとの関係、世界のブランデー事情等、話題満載。2200円

ハチミツの歴史《「食」の図書館》
ルーシー・M・ロング著　大山晶訳

現代人にとっては甘味料だが、ハチミツは古来神々の食べ物であり、薬、保存料、武器でさえあった。ミツバチと養蜂、食べ方・飲み方の歴史から、政治、経済、文化との関係まで、ハチミツと人間との歴史。2200円

海藻の歴史《「食」の図書館》
カオリ・オコナー著　龍和子訳

欧米では長く日の当たらない存在だったが、スーパーフードとしていま世界中から注目される海藻…世界各地のすぐれた海藻料理、海藻食文化の豊かな歴史をたどる。日本の海藻については一章をさいて詳述。2200円

ニシンの歴史《「食」の図書館》
キャシー・ハント著　龍和子訳

戦争の原因や国際的経済同盟形成のきっかけとなるなど、世界の歴史で重要な役割を果たしてきたニシン。食、環境、政治経済…人間とニシンの関係を多面的に考察。日本のニシン、世界各地のニシン料理も詳述。2200円

（価格は税別）